Ousmane GUEYE

Dinâmicas urbanas e questões fundiárias nas cidades secundárias

Ousmane GUEYE

Dinâmicas urbanas e questões fundiárias nas cidades secundárias

A cidade de Bambey

ScienciaScripts

Imprint

Cover image: www.ingimage.com

This book is a translation from the original published under ISBN 978-620-6-70610-6.

Publisher:
Sciencia Scripts
is a trademark of
Dodo Books Indian Ocean Ltd. and OmniScriptum S.R.L publishing group

120 High Road, East Finchley, London, N2 9ED, United Kingdom
Str. Armeneasca 28/1, office 1, Chisinau MD-2012, Republic of Moldova, Europe
Printed at: see last page
ISBN: 978-620-7-79034-0

Conteúdo

INTRODUÇÃO GERAL

Segundo PAULET J. P. (2006), 87% da população mundial vivia fora das cidades e a taxa de urbanização mundial era inferior a 15% nos anos 50, passando para 33% em 1960. [e] Por outro lado, segundo CIATTONI A. e VEYRET Y., (2013): "*No início do século XXI, 50% dos 7 mil milhões de habitantes da Terra são habitantes urbanos*". [1]De acordo com as projecções da Organização das Nações Unidas (ONU): "*Em 2050, 70% da população mundial viverá em cidades*". Mas a taxa de urbanização continua a ser desigual entre os países desenvolvidos e os países em desenvolvimento.

Este fenómeno de urbanização, que foi durante muito tempo uma prerrogativa dos países ocidentais, está a tornar-se cada vez mais importante nos países em desenvolvimento e levanta hoje muitas questões. De facto, a maioria das cidades do mundo, nomeadamente as grandes cidades ou megacidades, situa-se nos países em desenvolvimento (CIATTONI A. e VEYRET Y., 2013). Mas as cidades mudaram muito nas últimas décadas. Tanto as suas periferias em proliferação como os seus centros em crise (CHALINE C., et al, 1983). As cidades do mundo estão a crescer em tamanho e número, e estão a tornar-se grandes consumidoras de espaço. Mas "*este crescimento urbano é seletivo e afecta de forma diferente os diferentes continentes*" (PAULET J.P., 2006). Por conseguinte, a taxa de urbanização mundial varia de um continente para outro, de um país para outro, de uma região para outra e até de uma cidade para outra. Estima-se que, em 2030, ela se situe entre 73% e 81% nos países desenvolvidos, e entre 30% e 57% nos países em desenvolvimento (CIATTONI A. e VEYRET Y., 2013).

Este crescimento urbano, que é, por um lado, o resultado de enormes movimentos populacionais para as zonas urbanas, continuará, especialmente nos países do Terceiro Mundo, ao longo deste milénio, uma vez que as reservas de população rural são ainda muito grandes na Ásia e em África (CIATTONI A. e VEYRET Y., 2013).

Em África, o atual aumento da taxa de urbanização pode ser explicado pelas crises agrícolas no campo, com rendimentos agrícolas cada vez mais baixos que levam os habitantes das zonas rurais a abandonar as suas terras e a dirigir-se para a cidade. Perante estas situações, a cidade tornou-se um centro de esperança e de rejeição, atraindo pessoas das zonas rurais por razões bem conhecidas (a procura de um futuro melhor). O campo torna-se repulsivo porque está em crise (PAULET J.P., 2006) e não consegue oferecer às populações rurais as oportunidades de desenvolvimento de que necessitam para prosperar. Esta situação tende a favorecer a deslocação maciça das populações do campo para as cidades: um fenómeno mais conhecido por "êxodo rural". Nos países em desenvolvimento, o êxodo rural deve-se a dois factores. Em primeiro lugar, "*um fenómeno de rejeição que leva os camponeses a partir e, em segundo lugar, a cidade, que os atrai por diversas razões*" (PAULET J.P., 2006).

Em África, tal como no Senegal, a chegada dos colonos ao continente levou ao desenvolvimento de zonas caracterizadas por uma forte concentração de pessoas e de serviços. Estas zonas situavam-se inicialmente na orla costeira, pois serviam de zonas de trânsito e de ligação comercial entre os continentes. [2]Para o interior do país, era necessário criar um dispositivo que permitisse concentrar as populações para beneficiar das oportunidades oferecidas por estas infra-estruturas. Alguns descrevem este período como o início da urbanização africana, enquanto outros situam o início da urbanização africana na época do comércio trans-saariano. Mas as realidades permanecem as mesmas, porque as cidades africanas desenvolveram-se: "A partir do momento em *que é feito um investimento considerável, acompanhado da chegada de recursos materiais e humanos ocidentais a uma zona abandonada, cria-se um estaleiro, um habitat provisório que tende a durar.* [3]*Este povoamento pode ser enxertado numa cidade existente, que reforça: pode também ser o início de uma cidade, com fenómenos de polarização em termos de equipamentos e de aclimatação ao meio local*" .

Ao longo dos anos, estas zonas, frequentemente descritas como zonas não urbanas, sofreram

---

[1] UNFPA, julho de 2007. *State of the World Population 2007. Unleashing the potential of urban growth,* 106 p.

[2] Professor Cheikh Samba Wade, 2017, Curso de Geografia de Licenciatura 1 (Processos de urbanização em África)

[3] Pr Cheikh Samba Wade, 2017, Licença de curso 1 Geographie (Introdução à geografia urbana)

alterações demográficas, económicas e espaciais. Após a independência, estas zonas continuaram a acolher pessoas e são atualmente os principais centros urbanos do país. Mas esta urbanização rápida não foi acompanhada de um planeamento espacial avançado. Este facto conduziu a um desenvolvimento espacial monstruoso de algumas cidades, com os recém-chegados a instalarem-se na periferia ou nas margens da cidade, uma vez que esta já não consegue conter estas vagas de migração excessiva no seu núcleo central ou no seu núcleo urbano histórico original. Estes meios urbanos, herdados da colonização, como se costuma dizer, conheceram muitas dinâmicas ao longo do tempo e do espaço.

[4]No Senegal, a urbanização já estava em curso antes da independência do país. A taxa de urbanização do país era de 25% em 1960, 40,7% em 2002 e 42,7% em 2016 (ANSD, 2016). [5]Este fenómeno acelerou-se, deixando na organização do território nacional as mesmas marcas do período colonial, com uma concentração de cidades no oeste e centro-oeste do país e uma estrutura urbana caracterizada por uma metrópole desproporcionada em relação aos restantes aglomerados urbanos. [6]Este desequilíbrio do tecido urbano reflecte-se na diferença da taxa de urbanização, com a cidade de Dakar a atingir 95,5%, contra 16% da região de Diourbel (ANSD, 2016) .

Mas, atualmente, as políticas de dotação das cidades em infra-estruturas e equipamentos estão a dar origem a uma nova categoria de cidades, as chamadas "cidades secundárias", que se tornam cada vez mais atractivas e crescem em dimensão e número. Mas esta dinâmica urbana das cidades secundárias coloca um certo número de problemas, nomeadamente a expansão urbana e as suas consequências. Esta situação levou-nos a estudar o caso da cidade de Bambey.

Bambey, uma cidade secundária que registou um crescimento demográfico rápido, enfrenta um certo número de constrangimentos no seu desenvolvimento espacial. Em 1988, a cidade tinha uma população de 16 268 habitantes, passando para 20 366 em 2002 e 28 908 em 2006.

2013. No entanto, de acordo com as projecções da ANSD, espera-se que a população atinja os 42 077 habitantes em 2025. Este forte crescimento populacional significa que as necessidades de espaço estão a tornar-se um problema real para conter esta massa humana crescente.

O objetivo deste estudo e deste projeto de investigação é analisar o processo de desenvolvimento espacial da cidade de Bambey e o seu impacto socio-espacial na cidade e na paisagem circundante.

1.1 Introdução

As dinâmicas urbanas das cidades em África são cada vez mais preocupantes e levantam uma série de questões. Atualmente, com o crescimento das cidades primárias e secundárias acentuado pelos movimentos populacionais e pelo crescimento demográfico natural sustentado, as cidades continuam a crescer ano após ano e a necessidade de terrenos para habitação aumenta de ano para ano e de década para década.

No Senegal, apesar da primazia de cidades como Dakar e as capitais regionais sobre os outros grupos, as cidades secundárias, que são geralmente capitais de departamento, não param de crescer e de se estender para as suas periferias, consumindo as terras agrícolas circundantes. Esta situação resulta, por um lado, da concentração das actividades económicas, políticas e administrativas nestes centros urbanos e, por outro lado, de um crescimento demográfico significativo, agravado pelas migrações.

De acordo com MBOW D. (2014), estas situações traduzem-se num aumento das "*necessidades de habitação, de infra-estruturas e de equipamentos diversos, ao mesmo tempo que a capacidade de fixação da população é algo limitada*". Nas cidades de segunda linha, estes fenómenos devem-se à pequena dimensão das áreas ou dos limites municipais iniciais que estas cidades ocupam, mas também às importantes funções que estes centros urbanos desempenham do ponto de vista económico, administrativo e mesmo político. É neste contexto que se insere a cidade de Bambey.

Capital do departamento com o mesmo nome, a cidade de Bambey recebe atualmente mais de 90% dos investimentos públicos em todos os sectores. Este facto reforçou a sua influência sobre as outras

[4] Lat Soucabe Mbow, Les politiques urbaines : gestion et amenagement, 1992 in codesria
[5] Lat Soucabe Mbow, Les politiques urbaines : gestion et amenagement, 1992 in codesria
[6] Relatório ANSD, Ed. 2016, Situação económica e social do Senegal em 2016

comunas do departamento e atrai cada vez mais as populações rurais dos arredores. Com efeito, a concentração de infra-estruturas e equipamentos na capital do departamento conduziu a um verdadeiro desequilíbrio económico entre Bambey e o resto do departamento, reforçando assim o fenómeno do êxodo rural.

Este crescimento significativo da cidade acelerou-se a partir de 2000. De facto, a criação da Universidade Alioune Diop em Bambey, em 2004, constituiu um verdadeiro fator de urbanização, "que se traduziu *no consumo de espaço e na necessidade de terrenos para construção, ou pelo menos de terrenos urbanizáveis em meio urbano*" (FAYE M., 2013). Esta dinâmica urbana, que rima sempre com a necessidade de espaço habitacional, provoca, na maior parte das vezes, tensões sobre o território da cidade.

Atualmente, a expansão espacial de Bambey suscita numerosos problemas fundiários entre as diferentes partes interessadas. Isto é válido tanto para as colectividades da cidade de Bambey, que têm necessidade de encontrar terrenos para instalar a sua população, como para as colectividades locais vizinhas, que têm necessidade de proteger os seus terrenos nos arredores da cidade de Bambey. Mas estas questões fundiárias vão para além disso, pois envolvem também diretamente os camponeses, que se encontram numa situação precária e querem fazer tudo para proteger os seus campos, que adquiriram segundo o direito consuetudinário, através do sistema de herança.

1.2 Antecedentes e justificação

1.2.1 Contexto

O mundo vive atualmente na era urbana. Esta dinâmica não está prestes a parar. Em 2003, 53% da população vivia em zonas rurais, em comparação com 47% nas cidades (DIOP D. e TIMERA A. S., 2018). Assim, ao longo dos anos, as áreas urbanas sofreram mudanças consideráveis, tanto demográfica como espacialmente. Esta evolução ou dinâmica das cidades depende tanto de factores exógenos, cuja importância se reflecte nos movimentos migratórios, como de factores endógenos resultantes da mobilidade residencial, incluindo mudanças progressivas na ocupação social do núcleo da cidade.

Em 1875, a única cidade do Terceiro Mundo com mais de um milhão de habitantes era Pequim, mas na década de 1980, mais de 150 cidades eram milionárias (PAULET, J. P., 2006). O crescimento urbano de cidades como o Cairo, em África, é espetacular. Atualmente, assiste-se a um grande crescimento das cidades em todo o mundo, nomeadamente em África e no Senegal. Este desenvolvimento das zonas urbanas é o fruto de um longo processo que resulta dos efeitos da deslocação das populações rurais para as cidades ou da deslocação das classes abastadas do centro urbano para a periferia ou para as margens da cidade.

Em África, o crescimento da população urbana é o aspeto mais importante da dinâmica de urbanização. Segundo o relatório da OCDE (2020), a população urbana passou de 27 milhões em 1950 para 567 milhões em 2015, ou seja, um aumento de 2000%. De Abidjan a Accra, passando por Dakar e Bamako, as cidades estão a aumentar a sua dimensão demográfica, criando necessidades de habitação e de emprego. Da colonização à independência, a dinâmica das zonas urbanas varia de um período para outro, em função dos actores envolvidos.

Em países como a Costa do Marfim, o Togo e outros países da África Ocidental, as cidades registaram um crescimento notável nas últimas décadas. No Senegal, por exemplo, há mais 3,1 milhões de pessoas a viver na capital do que havia em todo o país há meio século.

Historicamente, a urbanização é uma realidade económica e de política pública no Senegal (Banco Mundial, 2020). Aquando da sua adesão à soberania internacional, o Senegal era um dos países mais urbanizados da África Ocidental, à frente de países como a Costa do Marfim ou mesmo o Gana. No Senegal, o fenómeno de urbanização é mais acentuado na cidade de Dakar, que representa 25% da população do país (Banco Mundial, 2020). De acordo com DIOP D. e TIMERA A. S. (2018), "*a hipertrofia de Dakar, a capital do Senegal, é o resultado de escolhas e estratégias de planeamento que têm sido maioritariamente desarticuladas desde o período colonial*". Este facto justifica o desequilíbrio do tecido urbano do país. A classificação das cidades do país em função da sua dimensão demográfica (lei de Zipf) coloca Dakar em primeiro lugar. Seguido de cidades como Touba e Thies. Mas, atualmente, o desenvolvimento de cidades secundárias no interior do país está a dar lugar ao aparecimento de novas cidades ligadas às suas regiões e às zonas rurais circundantes, o que, por sua vez, está a moldar o desenvolvimento do território nacional.

1.2.2 Justificação

O crescimento rápido das cidades secundárias no Senegal está a ter um certo número de consequências, nomeadamente em termos de espaço. Esta urbanização rápida levanta questões como a gestão urbana para controlar o desenvolvimento urbano e uma boa gestão dos solos urbanos. O declínio dos rendimentos agrícolas nos últimos anos, devido às variações da pluviosidade e ao empobrecimento dos solos, conduziu a uma degradação da economia rural e agravou o fenómeno do êxodo rural, com um número crescente de pessoas a abandonar o campo. As cidades são os pontos de convergência devido às inúmeras oportunidades que oferecem. Estas vagas de migrantes, combinadas com o crescimento da população na cidade, estão a exercer pressão sobre as zonas periurbanas, na sua maioria terras agrícolas utilizadas pelos habitantes das zonas rurais.

A vontade do Estado de corrigir o desequilíbrio do tecido urbano do país está patente no facto de a maior parte das cidades do país disporem de documentos de planeamento ou de desenvolvimento urbano. A criação de pólos de desenvolvimento secundários permitiu também que as cidades secundárias do país beneficiassem cada vez mais de financiamentos estatais para políticas públicas como o PACASEN, o PROMOVILLES, etc.

Estas acções de desenvolvimento das cidades secundárias levadas a cabo pela autoridade central permitem inverter as tendências de urbanização marcadas por "*uma forte concentração da população nas capitais regionais*" (BA A., 2015). Com efeito, algumas das cidades secundárias do país, devido às suas funções económicas e administrativas, ou ao seu papel no ensino e na investigação, estão a tornar-se espaços de populações rurais. A cidade de Bambey é hoje uma dessas cidades que atrai constantemente as populações devido às oportunidades que oferece, nomeadamente em matéria de formação e de investigação.

Bambey é uma cidade que deve a sua influência aos seus equipamentos e infra-estruturas. Por conseguinte, está a crescer de forma constante, consumindo cada vez mais terras agrícolas das autarquias locais circundantes. Esta expansão urbana é alimentada pelo êxodo maciço das populações das zonas rurais circundantes, criando novas necessidades de habitação e de emprego. Estas vagas de migração encontram já o centro urbano densamente povoado devido à "estreiteza do perímetro municipal que a cidade ocupa, um retângulo de 2300m por 1170m (269,10ha) faz com que, atualmente, todas as extensões da cidade de Bambey se situem principalmente em terrenos agrícolas das comunas de Ngoye (a sul), Ngogom (a norte), Ndangalma a oeste e Thiakhar (a leste), o que coloca um problema administrativo entre estas diferentes entidades administrativas (PDU da cidade de Bambey).

De acordo com o Plano Diretor Urbano da cidade de Bambey, entre 2001 e 2021, a população da cidade de Bambey deverá duplicar para 53 956 habitantes. Isto dá-nos uma população adicional de 26 982 habitantes entre 2001 e 2021, o que exigirá o desenvolvimento de terrenos adicionais.

A pressão demográfica sobre a cidade de Bambey deve-se, por um lado, ao crescimento da população e, por outro, à construção de instalações susceptíveis de acolher um grande número de pessoas.

Com base nesta constante, podemos constatar que a escolha do nosso objeto de estudo não é fortuita, pois o estudo das dinâmicas urbanas de uma cidade como Bambey e das questões fundiárias ligadas a estas dinâmicas permitir-nos-á compreender :

Os diferentes aspectos da dinâmica urbana da cidade de Bambey;

Questões fundiárias relacionadas com a dinâmica espacial da cidade ;

O impacto da expansão urbana nos terrenos periurbanos.

1.3 Problemas

[e]O início do século XXI foi marcado por uma urbanização explosiva, com o aumento da dimensão e

do número de cidades. [7]Desde então, a questão da urbanização tornou-se uma questão central para todas as sociedades, tanto do Norte como do Sul, porque a urbanização se tornou um facto geral e universal no mundo.

Atualmente, mais de metade da população mundial vive em cidades. Em contrapartida, na década de 1900, o número de habitantes rurais no mundo era superior ao número de habitantes urbanos. [8]Mas, em 2008, a tendência inverteu-se, com mais de 50% da população mundial a viver atualmente nas cidades. Este fenómeno tem uma influência significativa na distribuição das populações, com as consequências que daí advêm, como a falta de acesso a serviços sociais básicos.

Nos países do Sul, o processo de urbanização foi rápido, brutal e desorganizado, alimentado sobretudo por vagas de migração provenientes do campo e, segundo CHALEARD J. L. e DUBRESSON A. (1999), acentuado pela pobreza no campo devido à dificuldade de "*modernizar os sistemas agrícolas de baixa produtividade devido à falta de recursos e de remuneração suficiente do seu trabalho, estando a população rural condenada ao êxodo*".

A taxa de urbanização no Senegal registou um aumento acentuado desde 1960. Entre 1960 e 2018, a percentagem da população que vive nas cidades passou de 25% para 45%. Em 2018, 46,7% da população do país vivia em zonas urbanas, enquanto em 2002, apenas 40,7% da população vivia em cidades (ANSD, 2020).

No Senegal, como na maior parte dos países africanos, o crescimento demográfico das cidades é um problema importante. Atualmente, no Senegal, a questão da urbanização dinâmica afecta quase todas as cidades do país, como Bambey.

Criada a partir de pequenas aldeias em 1886 (FAYE S., 2018), a cidade de Bambey passou por vários períodos de desenvolvimento marcados por diferentes factores. Desde o seu nascimento até aos dias de hoje, vagas sucessivas de migração continuam a chegar e a instalar-se na comuna. Estes movimentos migratórios para a cidade e o crescimento demográfico significativo fazem com que a cidade tenha sofrido uma evolução notável ao longo do tempo do ponto de vista demográfico e espacial.

Em primeiro lugar, a perfuração de poços em 1906 conduziu às primeiras vagas de migração das populações circundantes, que se instalaram no atual perímetro comunal (FAYE S., 2018). A ereção de Bambey como capital de um loteamento em 1907 e a abertura da estação rodoviária em 1908 (FAYE S., 2018) acentuaram a expansão urbana da cidade. Esta expansão urbana seguiu um longo processo desde o nascimento da cidade, com diferentes fases e ritmos. Em primeiro lugar, durante a época colonial, a expansão urbana da cidade foi uma resposta às necessidades económicas e de mobilidade.

Em segundo lugar, a localização geográfica da cidade tornava-a uma importante encruzilhada entre as regiões de Diourbel, a leste, Fatick, a sul, e Thies e Dakar, a oeste. A comercialização do amendoim desempenhou também, nesta época, um papel importante no desenvolvimento espacial, demográfico e económico da cidade.

Em 1926, a cidade recebeu o estatuto de município misto de primeiro grau. O primeiro plano de loteamento de Bambey foi elaborado em 1929 no núcleo central (bairro de Escale) e na aldeia tradicional. Assim, em 1929, a cidade começou a desenvolver-se com um perímetro de 143 ha (FAYE. S, 2018).

[9]Em 2003, Bambey beneficiou de um decreto que aprovou o seu plano diretor urbanístico e o tornou executório. [10]No entanto, tendo em conta a dimensão demográfica da cidade e a estreiteza dos seus limites comunais, as dificuldades de expansão e as novas necessidades fundiárias em termos de

---

[7] Jacques Veron, Enjeux economiques, sociaux et environnementaux de l'urbanisation du monde, 2008. in carn.info, n°142. pp. 39 - 52.

[8] UNFPA, julho de 2007. *State of the World Population 2007. Unleashing the potential of urban growth (Libertar o potencial do crescimento urbano),*
106 p.

[9] Decreto n.º 2003-410, de 4 de junho de 2003, que aprova e torna executório o plano diretor urbanístico do município de Bambey

[10] Decreto n.º 2011-1991, de 16 de dezembro de 2011, que altera e alarga os limites territoriais da comuna de Bambey na região de Diourbel

habitação e equipamentos, a cidade beneficiou de um decreto presidencial em 2011 que alargou os seus limites comunais .

Desde a sua criação ou nascimento, a cidade de Bambey não parou de crescer, mas este crescimento foi maior e mais rápido de 2000 até aos dias de hoje (2020). A criação da Universidade Alioune Diop em Bambey (2004) e a instalação de modernas instalações desportivas e sanitárias tornaram a cidade mais atractiva e o seu nível de influência é agora maior do que nunca, ultrapassando mesmo as outras regiões do Senegal.

A isto juntam-se os condicionalismos naturais da cidade de Bambey. De facto, o principal problema da cidade é a inundação sistemática de todo o seu território municipal durante a estação das chuvas. Estas inundações devem-se, por um lado, ao facto de a cidade se situar numa zona de depressão que albergava uma rede de pântanos que drenavam todas as águas pluviais da cidade e, por outro lado, à natureza do solo, argiloso e pouco permeável, que dificulta a infiltração das águas de escoamento. Consequentemente, algumas pessoas mudaram-se do centro da cidade para a periferia, onde são menos afectadas pelas inundações durante os meses de inverno.

Atualmente, devido ao esgotamento do perímetro comunal da cidade e à sua necessidade de terrenos, equipamentos e habitações, as autoridades de Bambey iniciaram um projeto de loteamento para 2020. As áreas a subdividir no âmbito deste projeto, para além de serem terras agrícolas, pertencem tradicionalmente às comunas circundantes, tais como Ngoye a sul, Thiakhar a leste, Ngogom a norte e Ndangalma a oeste. Este plano de subdivisão é objeto de vários debates entre as colectividades locais envolvidas e a população agrícola. Este facto põe em evidência todos os constrangimentos à expansão espacial da cidade de Bambey.

1.3.1 Questões de investigação

Questão principal

Neste trabalho, a questão principal é:

Quais são os diferentes aspectos da dinâmica urbana da cidade de Bambey?

Perguntas específicas

1. Quais são os diferentes factores da dinâmica espacial da cidade de Bambey?
2. Quais são os problemas fundiários ligados à dinâmica urbana da cidade de Bambey?
3. Qual é o impacto da expansão urbana da cidade de Bambey nos terrenos periurbanos?

1.3.2 Hipóteses de investigação

Estas questões de investigação dão origem às seguintes hipóteses de investigação:

Hipótese principal

Bambey é uma cidade secundária situada numa encruzilhada no centro ocidental da bacia do amendoim e apresenta um conjunto de características que acentuam a sua dinâmica de urbanização.

Pressupostos específicos

1. O rápido crescimento da população, combinado com o desenvolvimento de infra-estruturas e equipamentos, são os principais factores subjacentes à dinâmica urbana de Bambey.
2. As dinâmicas espaciais da cidade de Bambey estão na origem de numerosas questões relacionadas com a terra.
3. A expansão urbana da cidade teve numerosos impactos nos terrenos periurbanos.

1.3.3 Objetivo da investigação

J **Objetivo geral**

O objetivo geral deste estudo é analisar a dinâmica urbana da cidade de Bambey e os problemas fundiários associados a este fenómeno urbano.

Objectivos específicos

Para além do objetivo principal deste trabalho, os objectivos específicos são :

1. Estudar os principais factores de desenvolvimento espacial da cidade de Bambey.
2. Identificação dos diferentes problemas fundiários decorrentes da expansão espacial da cidade de Bambey.
3. Análise do impacto da expansão urbana da cidade de Bambey sobre os terrenos das comunas

circundantes.

1.4 Clarificação concetual

Como em qualquer trabalho de investigação, é sempre essencial clarificar os conceitos-chave para eliminar quaisquer ambiguidades, compreender melhor o assunto e definir o nosso ângulo de abordagem neste trabalho. Os termos-chave do nosso tema foram definidos com base na nossa leitura.
Neste trabalho, as palavras ou grupos de palavras a clarificar incluem as dinâmicas urbanas, a urbanização e o conceito de cidade e de território.

Dinâmica urbana

Muito simplesmente, o conceito de dinâmica refere-se a uma evolução, a algo que muda ao longo do tempo e, no caso de certos fenómenos, na maioria das vezes no espaço. Mas o adjetivo "urbano" associado à palavra "dinâmica" suscita o desejo de definir sucintamente a palavra "dinâmica" em relação ao seu qualificativo. De acordo com BRUNET R., et al (2005), o conceito de dinâmica pode ser definido como: "*Uma mudança resultante de uma interação de forças;* [...]". [11]Por outro lado, segundo Jean Romeo, a dinâmica pode ser qualificada como uma teoria quando tem como objetivo interpretar uma situação que resulta de influências produzidas em tempos diferentes e manifestadas no mesmo momento ou geradas na mesma data e sentidas sucessivamente. Deste ponto de vista, as dinâmicas urbanas têm uma dimensão temporal e podem ser analisadas em relação à expansão da cidade, à gestão do solo urbano e também à gestão dos equipamentos da cidade.
Para estudar a dinâmica de um território, os modelos dinâmicos relacionam as mudanças com as forças que as provocam. A dinâmica urbana, tal como a dinâmica territorial, estuda as mudanças na organização de um território e as forças que as geram. A dinâmica de um território ou de um espaço pode ser lida e analisada em termos de localização das actividades, dos equipamentos, da população total e das categorias de pessoas (BRUNET R., et al., 2005). Para estudar a dinâmica de uma cidade, os mapas e as imagens de satélite variáveis no tempo são um bom meio de exprimir essa dinâmica. Mas a dinâmica de um espaço não deve ser confundida com tudo o que é móvel no espaço, como o movimento e/ou a mobilidade dos bens e das pessoas (BRUNET R., et al., 2005).
A dinâmica urbana, se considerada como o desenvolvimento ou crescimento das cidades, tem três aspectos:
A primeira é espacial: aqui precisamos de saber como, passo a passo, o sítio foi alargado;
A segunda é funcional, e aqui a questão é saber que sucessão de funções e adaptações às circunstâncias históricas conduziu à cidade que conhecemos hoje;
J O terceiro é o aspeto demográfico (DERRUAU M., 2002).
De facto, a função fixa uma população para a qual a cidade deve multiplicar os seus edifícios. Como qualquer população, a população da cidade varia devido ao crescimento natural e à migração. O aumento percentual da população entre dois recenseamentos é um bom indicador do dinamismo de uma cidade.
No nosso trabalho, a dinâmica urbana refere-se ao processo de desenvolvimento da cidade. Refere-se aqui aos padrões de utilização do solo, à distribuição e crescimento dos serviços sociais básicos e às diferentes fases de desenvolvimento do espaço urbano ao longo do tempo e do espaço.
Falar da dinâmica urbana da cidade de Bambey é definir o termo como o processo através do qual a cidade sofre a sua evolução espacial. No entanto, é mais judicioso incluir os diferentes aspectos porque esta dinâmica está sujeita a factos que se desenrolam no espaço ao longo do tempo. Estes factos podem ser a construção de infra-estruturas e equipamentos na cidade que atraem mais pessoas e acentuam o crescimento demográfico da cidade. A dinâmica urbana de Bambey pode ser medida pela expansão da cidade, o crescimento da área construída e a redução das terras agrícolas, uma vez que a urbanização da cidade prevaleceu sobre o desenvolvimento da agricultura. Este paradoxo mostra a reconversão socioeconómica de uma cidade que, outrora, desempenhou um papel importante no

[11] Jean Romeuf, citado por Aminata, nee Caroline Ba, na sua tese de mestrado intitulada "*Dynamique d'urbanisation de la ville de Thies*", 2015

comércio do amendoim, sobretudo durante a época colonial. Isto quer dizer que, com o tempo, as funções principais da cidade podem ser invertidas em favor de outras actividades. Hoje, para além da sua função principal de porto de escala para o comércio do amendoim, Bambey tem funções políticas e administrativas e, desde os anos 2010, é considerada uma cidade de formação e de investigação, uma cidade universitária.

Urbanização

Segundo o dicionário de urbanismo e de ordenamento do território, *"o termo urbanização tem dois significados distintos"*. Em primeiro lugar, é entendido como "a ação de urbanizar, de criar cidades ou de alargar o espaço urbano". Em segundo lugar, e mais frequentemente, refere-se à concentração crescente das populações nas cidades. Mas para BRUNET R., et al (2005), no dicionário crítico (les mots de la geographie), a urbanização é o desenvolvimento e a expansão da população urbana, e este fenómeno urbano atual ocorre fora das cidades, na periferia.

Trata-se de um processo, controlado ou sofrido, caracterizado pelo crescimento das cidades, que se estendem para as suas periferias e mordiscam as zonas rurais. É um facto universal, observado em todo o mundo e que se manifesta pela extensão da superfície da cidade resultante do aumento da população e das funções existentes na cidade estudada (MBOW L.S., 1992). Este fenómeno ocorre rapidamente nos países em desenvolvimento. [e]Nestes países, a população urbana ultrapassou os 50% em todo o lado no final do século XIX e atingiu os 75% em Inglaterra (MERLIN P. e CHOAY F., 1998). No entanto, nos países do Terceiro Mundo, este fenómeno acelerou-se a partir dos anos 50 do século XX. [e]Entre 1800 e meados do século XX, a proporção de habitantes das cidades nestes países passou de 8% para 15%, antes de atingir 28,4% em 1980 (MERLIN P. e CHOAY F., 1998).

A urbanização de uma localidade pode estar ligada à função política que ela desempenha. Mas em termos muito gerais, de acordo com o dicionário de história, economia, finanças e geografia, a urbanização também se refere a todas as mudanças nos hábitos sociais e nas condições materiais de vida (habitação, consumo, deslocações e trabalho) associadas à presença das cidades (TEULON F., 2010).

Para estudar e compreender o nível de urbanização de um continente, de um país, de uma região ou de uma cidade, é necessário medir o rácio entre o número de residentes urbanos e o número de residentes rurais, avaliar a densidade das diferentes áreas e a extensão espacial das cidades, e também avaliar a transformação dos estilos de vida.

Na cidade de Bambey, avaliar os modos de vida ou as actividades económicas da população da cidade equivale a dizer, em princípio, que estamos em pleno meio rural, uma vez que os modos de vida e os comportamentos da população são pura e simplesmente práticas rurais. No entanto, no contexto do nosso trabalho, não estamos muito interessados nos estilos de vida ou nos padrões de consumo, e muito menos nas práticas sociais da população. Por outro lado, estamos a falar da comuna de Bambey enquanto espaço de vida, lugar de habitação, suporte físico e suas construções, ainda que o lugar de certas práticas não possa ser excluído neste estudo. Esta comuna caracteriza-se pelo desenvolvimento de edifícios em todos os seus bairros. Definir a urbanização de Bambey equivale a falar do desenvolvimento do meio edificado e das suas múltiplas consequências sobre o território. Quaisquer que sejam os seus modos de vida, a urbanização física ou geográfica de Bambey já não precisa de ser provada e, de facto, ultrapassa largamente a urbanização sociológica da população da cidade.

No contexto do nosso estudo, o conceito de urbanização assume todo o seu significado do ponto de vista das dinâmicas vividas pela cidade numa abordagem espacial. Neste trabalho, é o aspeto físico do fenómeno urbano que parece ser mais importante do que os outros aspectos destacados pela urbanização.

-S **Propriedade**

Do latim "fundus", que significa "fundo da terra", "foncier", no seu significado original, refere-se à terra e, por vezes, por extensão, aos edifícios e instalações nela existentes, não por si só, mas como base de uma exploração agrícola ou de um rendimento. Trata-se de um conceito multidisciplinar e a sua definição varia consoante a disciplina. [12]Em economia, é a ideia de renda, de valor, que será apresentada para definir a terra, enquanto que numa abordagem muito mais sociológica, tratar-se-á de demonstrar como a variável terra contribui para a eficácia do sistema agrário, por exemplo.

Juridicamente, o termo "foncier" designa "*um bem imóvel por natureza, ou seja, que não circula, pelo que o solo e as pessoas que nele vivem são atributos fundamentais do foncier*" (CASSE L. O., 2010). Por outras palavras, a terra refere-se à terra que não circula. Assim, o solo e a sua fixidez são elementos fundamentais da posse da terra. Numa abordagem global e interdisciplinar (jurídica, económica, geográfica e sociológica), o termo "terra" torna-se um facto social total que põe em movimento todas as componentes da sociedade e revela todas as suas facetas (LE BRIS E. et al., 1982). Na mesma linha, o Petit Larousse define a terra como um bem imóvel. Refere-se igualmente aos terrenos para construção.

[13]Em geografia, a posse da terra refere-se a um conjunto de relações que envolvem a organização do espaço (LE ROY, 1982). Este conceito implica a ideia de apropriação, transferência, ocupação e gestão da terra. [14]Mas, segundo a FAO, refere-se a "*um conjunto de relações entre os indivíduos e a terra e os recursos renováveis que ela suporta*".

No nosso trabalho, falar de terra significa falar deste bem transacionável, deste bem que sustenta as actividades de produção e de consumo (agricultura e pecuária). Isto significa salientar o aspeto da utilização da terra, qualquer que seja o seu objetivo. Para além do aspeto jurídico do termo, interessa-nos muito o aspeto económico e geográfico.

No contexto deste estudo, a terra de que falamos refere-se às vastas extensões de terras agrícolas que são possuídas e cultivadas há décadas por famílias de agricultores e que são transmitidas de geração em geração pelo processo de herança, de acordo com os princípios e o funcionamento do direito consuetudinário, que, além disso, reconhece os proprietários. Para efeitos do presente trabalho, a terra de que falamos é o meio físico, o solo, que suporta actividades económicas como a agricultura e a pecuária. Hoje em dia, porém, com o avanço do ambiente construído, tornou-se um bem comercial que está a desenvolver um vasto mercado descontrolado, levando a uma total insegurança fundiária e, por sua vez, a numerosos problemas entre distritos administrativos ou entre grupos sociais. Como em todas as zonas onde a ruralidade predomina sobre a urbanidade e onde a atividade económica se baseia essencialmente no sector primário, a relação entre os grupos sociais e a terra é muito mais forte. A ideia de que uma parcela de terra pertence a uma determinada família ainda está bem viva na cidade de Bambey e arredores. Mas hoje, seja como for, a terra continua a ser o suporte físico do ambiente habitacional com os edifícios que nela se erguem.

Segundo FAYE J., os especialistas definem a posse da terra como o conjunto das relações entre homens e mulheres relativamente à terra e aos recursos nela existentes. [15]Na maioria das sociedades africanas, a obtenção de uma área de terra para agricultura e habitação é a principal preocupação dos grupos sociais.

No Senegal, a questão da terra continua a ser muito atual, pois está diretamente ligada à dinâmica das cidades e dá origem a conflitos entre grupos sociais.

No âmbito do nosso estudo, analisámos este conceito como um meio de atividade económica no passado, mas que agora se tornou um bem comercial com um mercado em crescimento.

***J* Ville**

Em primeiro lugar, há que assinalar o carácter vago e impreciso do termo cidade. A nação da cidade parece-nos perfeitamente clara, mas tropeçamos logo que tentamos defini-la (DERRUAU M., 2002). Foi talvez este facto que levou Jacqueline Beaujeu-Garnier (1997) a sublinhar a dificuldade que surge

---

[12] E. Le Bris, 1982 citado por OUATTARA S. 2007 na sua tese de doutoramento em sociologia

[13] Le Roy E., 1982. Enjeux fonciers en Afrique Noire, citado por CASSE L. O. 2010 na sua tese de mestrado em geografia.

[14] Ver definição da FAO citada por Sencebe Y. et al., 2013. "TERAGI/Volet foncier : problematique et methodologie", in journal open edition, n°3, vol. 4, consultado em 30 de novembro de 2022

[15] Faye J., 2008. "A posse da terra e a descentralização. L'expérience du Senegal, in foncier-developpement.fr, consultado em dezembro de 2022.

quando se tenta definir a noção de cidade: "*Sei o que é a cidade desde que não me peçam para a definir*". No entanto, existem alguns critérios que podem ser utilizados para definir a cidade.
°Segundo o dicionário de urbanismo e de ordenamento do território (1992), três condições são indispensáveis para que um aglomerado humano constitua uma cidade: uma aglomeração de edifícios, um grande conjunto de casas contíguas, um encontro de edifícios, certas características da população e do estatuto no século XVIII. Segundo esta lógica, Bambey é uma cidade. Assim, (MERLIN P. CHOAY F., 1992) afirmam que a cidade nasce fundamentalmente das funções centrais de troca. Por outro lado, o dicionário Larousse define uma cidade como uma aglomeração relativamente grande cujos habitantes têm actividades profissionais diversificadas. Le Robert, por seu lado, define a cidade como um conjunto de edifícios cujos habitantes trabalham no comércio, na indústria ou na administração. Esta definição, baseada nas actividades da população, confere a Bambey o estatuto de cidade do interior. De facto, de acordo com esta definição do dicionário Robert, a cidade de Bambey não pode ser considerada uma cidade porque a maioria dos seus habitantes trabalha na agricultura e na pecuária. Para DERRUAU M., in geographie humaine, 2002, a cidade é uma aglomeração duradoura por oposição às aglomerações temporárias.
Mas quando se trata de definir a cidade, logo que se consideram outros critérios, como o critério estatístico, surgem dificuldades, porque há uma multiplicidade de cidades de um país para outro, consoante a dimensão demográfica das zonas urbanas. Mas, apesar de tudo, alguns países definem a cidade com base no número de habitantes, enquanto outros combinam o número de habitantes com o sector de atividade económica.
Em França, uma cidade é uma unidade urbana constituída por uma ou várias comunas com mais de 2 000 habitantes e uma população contínua (Dictionnaire de l'Urbanisme et de l'Amenagement). De acordo com DERRUAU M. (2002), até 1999, uma cidade em França era definida como "*qualquer aglomeração de mais de 2.000 habitantes agrupada em torno da cidade principal do município*". O limite é de 5.000 habitantes na Áustria e de 300 na Islândia (MERLIN P. e CHOAY F., 1992).
No entanto, este critério estatístico coloca um problema em todo o lado, pois há muitos casos de grandes comunidades agrícolas que não são cidades, como as aldeias de 10 000 habitantes no delta do Tonquim ou os campos de 50 000 habitantes na China. Outros procuram uma definição nas actividades dos habitantes, numa altura em que alguns combinam dimensão demográfica e actividades não agrícolas. Mas uma definição da cidade em termos de actividades não agrícolas depara-se com uma nova objeção. Existem no mundo algumas cidades muito grandes conhecidas como agrovilas, aglomerações de agricultores com a aparência formal de cidades (DERRUAU M., 2002). A cidade de Bambey pode ser classificada como uma dessas agrovilas, embora a atividade agrícola comece a ser ultrapassada por outros sectores económicos, como o comércio e o imobiliário.
Segundo DERRUAU M., a cidade pode, portanto, ser definida como "*uma grande aglomeração, disposta para a vida colectiva (esta disposição constitui o urbanismo) e na qual uma parte significativa da população vive de actividades não agrícolas ou agrícolas*". É, portanto, impossível estabelecer limites mínimos para definir uma cidade, porque existem muitos tipos diferentes de cidades e é necessário estudar tanto a sua diversidade como o seu carácter comum (DERRUAU M., 2002).
No Senegal, o carácter estatístico não é tão determinante na definição da cidade, porque esta se refere à comuna. Assim, toda a comuna é uma cidade se acreditarmos no código geral das colectividades territoriais, que afirma que: "*A cidade tem o estatuto de comuna*". Resulta da reunião das competências de vários municípios territorialmente homogéneos.[16] Assim, o meio urbano é constituído pelo conjunto das localidades designadas como comunas, independentemente do número de habitantes. Assim, a população urbana é aquela que reside nas comunas (ANSD, 2013). Com base nesta definição, Bambey não seria considerada uma cidade. De facto, a cidade de Bambey não é constituída por várias comunas, porque, em termos de gestão territorial, a comuna de Bambey não tem

[16] Lei n.º 2013-10, de 28 de dezembro de 2013, relativa ao Código Geral das Autarquias Locais

poderes sobre as outras comunas do departamento, a não ser que se trate de um conselho de departamento ou, se for esse o caso, é no âmbito de funções estritamente administrativas.
Assim, é evidente que falar de Bambey como cidade é dizer que se trata de um lugar onde o ambiente construído e o desenvolvimento das actividades económicas são muito importantes em relação às outras comunas com as quais Bambey partilha o departamento do mesmo nome. Bambey ville é um local onde os mercados funcionam diariamente, apesar da existência de mercados semanais. Do ponto de vista administrativo, é um local que alberga numerosos edifícios administrativos e desempenha, por conseguinte, um papel político e administrativo muito importante na arquitetura administrativa do departamento. Assim, quando falamos da cidade de Bambey, estamos a referir-nos a esta comuna que tem poderes de comando sobre as outras comunas do departamento que a rodeiam ou que formam um conjunto de relações cujo núcleo central é a cidade de Bambey.

I.5 Metodologia da investigação

1.5.1 Resumo do documentário

Desde o início deste trabalho, centrámo-nos numa pesquisa documental baseada nos temas da cidade, da urbanização, da expansão urbana e da governação fundiária no Senegal, através da consulta de leis, decretos e manuais de procedimentos sobre o processo de atribuição de terras pelas comunas. Durante esta fase de documentação, visitámos a biblioteca central da Universidade Gaston Berger de Saint-Louis e o Centro de Documentação da UFR de Letras e Ciências Humanas da mesma universidade.
No âmbito da nossa investigação, também considerámos as bibliotecas em linha muito úteis. Visitámos sítios online como o da ANSD, a biblioteca digital da Universidade Cheikh Anta Diop e a biblioteca online (Scholarvox Senegal). Alguns destes sítios, como o da ANSD, permitiram-nos consultar os relatórios anuais sobre a situação económica, social e regional da região de Diourbel, e de Bambey em particular.
Para a análise documental, optámos por fazer um resumo por tema e pelos objectivos que foram perseguidos na leitura de cada referência, em vez de um resumo documento a documento.
Visitámos a Câmara Municipal de Bambey e o Departamento de Urbanismo e Habitação de Bambey. Foi assim possível consultar o Plano de Urbanização de Referência (PUR) da cidade de Bambey, bem como o seu Plano Diretor de Urbanização (PDU), para conhecer melhor as funções e a organização espacial da cidade.
A nossa fase de documentação permitiu-nos consultar um grande número de referências centradas nos temas das cidades e da urbanização. Entre elas, o livro **Introduction a la geographie humaine** (BAILLY A. e BEGUIN H., 2016). Este livro deu-nos uma ideia geral da evolução do fenómeno urbano no mundo. É semelhante à obra de DERRUAU M., intitulada **Geographie Humaine** (2002) que, para além das elucidações conceptuais que oferecia, nos dava uma visão do estado das dinâmicas de urbanização do mundo e da produção dos espaços urbanos. Discute também os métodos que podem ser utilizados para estudar este crescimento urbano exponencial no mundo, muito mais significativo nos países do Sul a partir dos anos 2000. Neste livro, Max DERRUAU descreve também os diferentes aspectos que permitem apreciar muito claramente a dinâmica dos espaços urbanos. Uma outra obra de referência é BAILLY A. et al (1998) intitulada **Les concepts de la geographie humaine**. De certa forma, este livro explica os diferentes conceitos utilizados na geografia humana. Esta clarificação concetual é, por vezes, acompanhada de alguns exemplos que nos permitiram, por exemplo, distinguir o que é uma cidade e o que não é, uma vez que nem todos os grupos de pessoas são cidades.
A leitura do livro **Villes et campagnes dans les pays du Sud** (CHALEARD J.L., e DUBRESSION A., 1999) deu-nos um enfoque sobre as causas da dinâmica dos espaços urbanos, cujo dinamismo se manifesta por extensões espaciais da cidade, pela multiplicação de funções no centro urbano, caracterizado por uma diversidade múltipla à medida que novas funções se acrescentam às originais. Assim, neste livro, compreendemos perfeitamente que os determinantes do crescimento da cidade ou da dinâmica dos espaços urbanos não estão obviamente enraizados no espaço da cidade, mas são de facto exógenos. Esta dinâmica urbana explica-se pela crise do campo, com todos os seus corolários. Isto leva-nos a distinguir entre causas endógenas e exógenas da dinâmica de urbanização.

Livros como **Geographie Urbaine** de PAULET J. P. (2006) e **Geographie Urbaine** de BEAUJEU-GARNIER J. (1997) tratam de questões relacionadas com a cidade e todos os seus fenómenos. De acordo com estas duas obras, estes fenómenos incluem o crescimento urbano e a crise dos espaços urbanos, entre outros. Em **Geographie urbaine,** PAULET J. P. (2006), as questões relacionadas com a evolução da urbanização no mundo atual ocupam um lugar extremamente importante, uma vez que se refere muito explicitamente à revolução e à distribuição da população no mundo urbano em comparação com a das zonas rurais ao longo do tempo. Tal como a obra de PAULET J. P. acima citada, a de Jacqueline Beaujeu-Garnier também nos dá uma visão global da evolução do fenómeno urbano no mundo. A leitura destas duas obras permite-nos compreender os factores essenciais que determinam a evolução das cidades em dimensão e número no mundo, no tempo e no espaço.

Os livros ***Amenagement du Territoire: Principes, pratiques et devoirs pour le XIXe siecle*** de M. M. DIAKHATE M. M. (2011) e ***Le Senegal, quelles evolutions territoriales?*** de MANGA C. T. et al (2012) permitiram-nos compreender a organização territorial do Senegal. Esta organização territorial implica ver e compreender a distribuição das pessoas e das actividades no território nacional. Desta forma, o território é moldado de acordo com as disposições do tempo. Graças aos trabalhos de (DIAKHATE M.M., 2011), compreendemos que o desequilíbrio do quadro urbano do país é a consequência das escolhas efectuadas pelas autoridades da época na aplicação de uma política ou de um plano de ordenamento do território.

O trabalho de (MANGA C. T., 2012) debruça-se sobre a evolução do território senegalês e os factores subjacentes a esta dinâmica territorial. Assim, as perspectivas e estratégias a adotar para uma melhor organização e equilíbrio dos territórios foram objeto de um olhar atento no âmbito da nossa investigação. O projeto aborda questões relacionadas com a transformação das zonas urbanas no Senegal. Estas mudanças espaciais estão a ser impulsionadas pelas diferentes políticas públicas do Estado. Segundo MANGA C. T., a organização territorial do Senegal está sujeita às políticas públicas do colonizador e dos diferentes governos desde a nossa independência. Também neste livro, a importância da descentralização na configuração do nosso território ocupa um lugar importante e permitiu-nos compreender como as opções políticas de planeamento influenciam a organização dos espaços.

A referência, ***La recomposition des espaces urbains et periurbain face aux changements climatiques en Afrique de l'Ouest,*** editada por MBAYE I. em 2018, fala-nos da reorganização dos espaços, da mutação dos espaços e da sua forma atual no país e do que eram no passado. A obra mostra que muitos factores estão envolvidos nestas mudanças espaciais. Entre eles, os factores climáticos, sociais, demográficos, económicos e políticos. Mas o livro também destaca o impacto direto e indireto das alterações climáticas nas mudanças espaciais em ambientes urbanos e periurbanos.

Graças ao trabalho de **LE BRIS E. et al** (1982) intitulado "***Enjeux fonciers en Afrique Noire***" (***Questões fundiárias na África Negra), compreendemos*** a evolução da governação fundiária e da legislação fundiária nos países da África Negra. Este documento, que é uma compilação de debates e workshops, analisa as questões relacionadas com a posse da terra nas cidades e os métodos de garantia da posse da terra adoptados pelos diferentes poderes em diferentes momentos. O trabalho de FALL A. S. et al. ***Urbain-rural : l'hybridation en marche"*** (2005) permitiu-nos compreender o desenvolvimento das nossas cidades e as suas diferentes fases. O exemplo da cidade de Dakar, que começou a desenvolver-se em 1973 com a crise agrícola e o esvaziamento do campo, ilustra bem a relação entre o campo e a cidade.

Este facto demonstra o contributo inestimável das obras gerais e específicas para este estudo e trabalho de investigação. No entanto, com as dissertações, teses e artigos científicos, a pesquisa torna-se muito interessante porque essas referências tratam de um assunto específico para uma área e um tempo bem definidos.

Mas é também importante sublinhar o contributo fundamental dos relatórios de estudo sobre temas como as cidades e o desenvolvimento, que muito nos ajudaram a definir melhor o ângulo de análise do nosso objeto. Entre estes relatórios contam-se os da ANSD (2013), do Banco Mundial (2015) intitulado "*Villes emergentes pour un Senegal emergent*" (Cidades emergentes *para um Senegal emergente) e da* OCDE (2020) "*Dynamique d'urbanisation de lAfique*" *(Dinâmica da urbanização em África).* O relatório ANSD 2013 forneceu-nos dados estatísticos sobre a urbanização no Senegal e a população das cidades do país, bem como dados qualitativos que nos permitiram compreender o tecido urbano do país e as novas tendências que estão a emergir com o surgimento de certas cidades secundárias como Bambey. O relatório do Banco Mundial permitiu-nos conhecer a evolução do fenómeno urbano no mundo e as características do fenómeno nos países do Terceiro Mundo, nomeadamente no Senegal, que tem sido marcado nos últimos anos pelo desenvolvimento espacial e demográfico das cidades. Quanto ao relatório OCDE 2020, aborda questões específicas da dinâmica da urbanização africana em 2020, marcada pela expansão urbana, a urbanização in situ das zonas rurais, a formação de cidades metropolitanas, o nível de urbanização, o ritmo de crescimento urbano e o crescimento da população das cidades, bem como os constrangimentos à extensão espacial das cidades e à urbanização que ultrapassa os limites administrativos. O relatório de 2011 da ONU-Habitat intitulado ***"Housing the poor in African cities"*** também nos ajudou a compreender o problema do acesso à terra nas cidades e as dificuldades encontradas pelas populações de baixos rendimentos para encontrar habitação.

De referir ainda que alguns trabalhos têm sido realizados sobre o tema da nossa investigação, nomeadamente o trabalho de (BA, A., 2013). No entanto, não temos conhecimento de muitos trabalhos relacionados com esta temática no que diz respeito à nossa área de estudo. No entanto, podemos citar as dissertações apresentadas sobre a cidade de Bambey, mas antes disso, é também importante voltar à tese de doutoramento de DIOP A. (2005) intitulada: "***Ville et amenagement du territoire au Senegal***". Trata-se de uma referência muito importante para o nosso trabalho. De facto, esta tese explica o nascimento das cidades e das comunas no Senegal, bem como o seu processo de desenvolvimento espacial, que apresenta aspectos diferentes de uma cidade para outra ou de uma comuna para outra. Os diferentes factores de crescimento das cidades são, portanto, uma parte importante do trabalho. Na sua tese de mestrado em geografia, (FAYE S., 2018) intitulada ***"Dynamique spatiale et les enjeux de I'amenagement du territoire : cas de la ville de Bambey" (Dinâmica espacial e questões de ordenamento do território: o caso da cidade de Bambey)***, discute a dinâmica espacial da cidade e as perspectivas de ordenamento do território. No entanto, a insuficiência deste trabalho é sublinhada pelo facto de a contribuição da cartografia e da teledeteção ser demasiado fraca em relação ao tema, uma vez que falar da dinâmica espacial de uma cidade significa utilizar mapas ou imagens de satélite para ilustrar melhor os períodos-chave definidos previamente. De facto, o estudo das dinâmicas urbanas equivale a uma análise diacrónica do ambiente durante um período de tempo bem definido. Compreendemos assim a importância da cartografia e das ferramentas de teledeteção. É por isso que a cartografia e a teledeteção desempenharão um papel fundamental no nosso trabalho. O trabalho de (FAYE M., 2013), ***"L'implantation de I'Universite Alioune Diop de Bambey comme facteur d'urbanisation" (A implantação da Universidade Alioune Diop de Bambey como fator de urbanização)***, permitiu-nos identificar o envolvimento da Universidade Alioune Diop de Bambey no rápido desenvolvimento da urbanização da cidade. No entanto, é preciso dizer que, a nosso ver, o trabalho contém alguns pontos que precisavam de ser esclarecidos, como a análise diacrónica do território antes e depois da criação da universidade. No entanto, graças a este trabalho, conseguimos compreender o papel e o impacto da universidade no desenvolvimento da cidade. Para o trabalho de (Faye A., 2013)

"Migration internationale et urbanisation: I'apport des emigres dans le développement de la ville de Bambey", tese de mestrado em geografia, Universidade Cheikh Anta Diop, Dakar, pode dizer-se que a importância deste trabalho reside no esclarecimento que fornece sobre a evolução urbana da cidade de Bambey, embora o principal problema dos outros trabalhos seja a falta de ilustração com ferramentas cartográficas. No entanto, todos nós compreendemos a importância e o lugar do SIG no estudo da evolução espacial das cidades. O conjunto destas pesquisas permitiu uma reflexão aprofundada e uma informação actualizada sobre as questões relativas às dinâmicas de urbanização da cidade de Bambey.

Estas dinâmicas são simultaneamente espaciais e demográficas. Além disso, estes estudos revelaram o papel e o lugar das funções desempenhadas pela cidade ao longo da história nas dinâmicas actuais.
Além disso, os documentos urbanísticos da cidade, como o **Plano Diretor de Urbanismo** (PDU) e o **Plano de Urbanismo de Referência** (PUR), permitiram-nos compreender a organização espacial da cidade de Bambey e dar-nos uma imagem clara do nível de infra-estruturas e equipamentos da cidade. Graças ao PDU, por exemplo, compreendemos que a cidade de Bambey ultrapassou os seus limites territoriais e que se encontra numa situação de escassez de terras.
Os relatórios da ANSD, tais como o relatório geral do recenseamento da população de 1978, 1988, 2002 e 2013, permitiram-nos ver a evolução da população da cidade de Bambey desde 1978. Com o apoio dos relatórios regionais anuais da região de Diourbel, temos a taxa de urbanização da cidade desde 1978, 1988, 2002 e 2013, bem como os problemas encontrados pela população em termos de saneamento. Estes relatórios da ANSD ajudaram-nos a compreender a situação económica da cidade, que se baseia quase exclusivamente na agricultura e no pequeno comércio.
Em resumo, é de notar que não existem muitos trabalhos sobre a cidade de Bambey. No entanto, graças aos nossos inquéritos e entrevistas, bem como à contribuição das imagens de satélite, conseguimos alcançar os resultados desejados.

1.5.2 Inquéritos e entrevistas

1.5.2.1 Inquéritos de campo

Neste Relatório de Estudo e Investigação (SRR), realizámos um trabalho de campo para recolher informações em primeira mão. Trata-se de dados quantitativos recolhidos junto dos agregados familiares. Estes dados foram obtidos no âmbito do nosso inquérito. Neste inquérito, os bairros-alvo são principalmente os da periferia da cidade, pois esperamos que o trabalho sobre esta parte da cidade nos permita compreender melhor as dinâmicas urbanas da cidade, uma vez que o 9a nos permitiu saber o que atrai as pessoas para a cidade até que certas populações se desloquem para a periferia. Também nos deu informações sobre o seu nível de vida, a sua ocupação, etc., que nos parecem necessárias para a nossa investigação. Isto é o que nos parece necessário para conhecer a situação económica dos habitantes destes novos bairros.
Este inquérito aos agregados familiares da cidade de Bambey baseou-se no número de agregados familiares por bairro. Por outras palavras, recolhemos uma amostra de 2% dos agregados familiares em cada bairro da cidade. Mas, tendo em conta o número de agregados por bairro, podemos também dizer que inquirimos 2 agregados em 100 para cada bairro.

Quadro 1: Número total de agregados familiares por bairro e número de agregados familiares a inquirir

Bairros	**Número de agregados familiares**	**Número de agregados familiares a inquirir**	**Percentagem**
DVF	1234	25	2%
Leona Nord	500	10	2%
Leona South	799	16	2%
Wakhaldiam	729	15	2%
TOTAL	**3262**	**66**	**2%**

Fonte: ANSD, Gueye 2022

Escolhemos o software de inquérito kobotolboox para a conceção do questionário, a sua administração e a recolha de dados no terreno. Esta escolha de software justifica-se pelo facto de ser um software que dominamos muito bem, mas o mais importante é que este software também nos permite produzir uma representação cartográfica de todos os agregados familiares inquiridos e que o relatório do inquérito oferece mais possibilidades de produzir gráficos ou tabelas para apresentar os dados do inquérito. Outra vantagem é que o processamento de dados é mais fácil com este software, porque assim que o inquérito é iniciado, o software efectua o processamento ao mesmo tempo. Isto facilita a utilização dos dados e poupa tempo.

1.5.2.2 Entrevistas

No que respeita às entrevistas, visitámos a Câmara Municipal de Bambey e o departamento departamental de urbanismo e habitação de Bambey. Assim, pudemos falar com o chefe do departamento técnico da Câmara Municipal de Bambey, **Mansour Ndiaye, a** 23 de agosto de 2022, e também com o chefe do departamento departamental de urbanismo e habitação de Bambey, **Khadim Fall, a** 25 de agosto de 2022, bem como com um membro da sociedade civil para discutir os litígios fundiários na cidade.

O objetivo destas entrevistas é compreender o papel destas estruturas na gestão urbana da cidade. O objetivo é também compreender as questões fundiárias que opõem a cidade de Bambey às comunas circundantes. As entrevistas procuraram igualmente compreender os planos das autoridades para controlar o crescimento espacial da cidade.

Estas entrevistas foram de grande importância para nós, pois permitiram-nos recolher dados qualitativos vitais para o nosso trabalho. Isto reforça a nossa argumentação.

A dinâmica da urbanização levou a que a cidade se estendesse para além destes limites administrativos, chegando mesmo a morder algumas das terras agrícolas pertencentes às antigas comunidades rurais de Ngoye, Thiakhar, Ndangalma e Ngogom, que se tornaram comunas ao abrigo da Lei 3.

alguns dos conselheiros municipais destas comunas para obter as suas ideias sobre a situação entre Bambey e as suas comunas.

O guia de entrevista é utilizado para estas entrevistas.

No entanto, convém recordar que o guião da entrevista é elaborado em função da pessoa-recurso com quem estamos a entrevistar. Isto significa que elaborámos um guião de entrevista para cada pessoa-recurso, uma vez que as áreas não são as mesmas. No entanto, o foco principal é a cidade de Bambey.

1.5.3 Dados estatísticos

Para realizar uma pesquisa de campo, é essencial um conhecimento exato das estatísticas do local, porque num trabalho como este, precisamos de saber o número de habitantes da cidade de Bambey, e o número de agregados familiares em cada distrito ou nos distritos visados pela nossa pesquisa. Para conhecer os números da população da cidade, visitámos o site da ANSD para consultar o relatório do recenseamento da população de 2013. Este relatório forneceu-nos os dados demográficos que procurávamos e que processámos para determinar a dimensão da amostra do inquérito. Para efeitos do nosso trabalho, decidimos trabalhar com os dados dos recenseamentos de 1972, 1988, 2002 e 2013, embora tenhamos por vezes utilizado os dados das projecções demográficas para 2018, 2021 e 2022.

Para os dados relativos aos pedidos de lotes e aos bairros habitacionais construídos ou em vias de construção, dirigimo-nos ao departamento departamental do urbanismo e da habitação de Bambey para recolher o número de pedidos de lotes por ano, pois dispor destas estatísticas permitia-nos ter uma ideia da dinâmica urbana da cidade e das modalidades de aquisição de lotes. Mas o departamento, por sua vez, remeteu-nos para a divisão regional de urbanismo de Diourbel. Isto porque o departamento departamental de urbanismo de Bambey foi criado em 2017, faltando os dados dos anos anteriores.

1.5.4 Imagens de satélite

Mesmo que a dinâmica de urbanização de uma cidade possa ser perdida do ponto de vista demográfico, isso não é suficiente, porque o crescimento de uma cidade, se é que se faz sentir, é sobretudo no espaço, com a área construída a expandir-se para a periferia. Este fenómeno é melhor observado com as tecnologias cartográficas, graças à telegestão e às imagens de satélite. Neste projeto de investigação, um toque de teledeteção foi utilizado para realizar uma análise diacrónica da cidade, dando-nos uma melhor ideia da sua evolução espacial. Esta análise diacrónica da cidade foi realizada ao longo de 30 anos, com início em 1990, utilizando um intervalo de tempo de 15 anos. As datas de 1990, 2005 e 2020 são as referências para este estudo. Assim, analisaremos o uso do solo da cidade em 1990, 2005 e 2020. São produzidos três (3) mapas de uso do solo da cidade.

Para produzir estes mapas, é necessário adquirir imagens de satélite. A partir do sítio Web do USGS, descarregámos três (3) imagens de satélite Landsat 7 para os anos 1990 e 2005 e uma (1) imagem Landsat 8 para o ano 2020. As imagens foram processadas utilizando o software QGIS e R. As imagens foram cortadas e classificadas utilizando o software R. Para classificar as imagens, utilizámos o NDVI da imagem de 1990 para destacar a vegetação, os edifícios e os espaços vazios na imagem. Utilizando este modelo, classificámos as imagens (2005 e 2020) e produzimos os mapas de uso do solo.

De seguida, calculámos a superfície dos edifícios, dos espaços vazios (solo nu) e da vegetação. Isto permitiu-nos ter uma ideia clara da evolução das superfícies ocupadas por estas três classes. Todo este trabalho de base foi efectuado com o software R.

Os mapas são produzidos utilizando uma combinação de QGIS e R. A utilização destes dois pacotes de software explica-se pelas limitações de um ou de outro no processamento de imagens.

Como qualquer modelo científico, este modelo de trabalho foi objeto de uma avaliação para determinar a qualidade dos resultados obtidos. Utilizámos dois métodos para avaliar os resultados do nosso estudo e investigação.

O primeiro é o modelo de exatidão global. Trata-se de um modelo que nos indica essencialmente a proporção que foi cartografada corretamente. A precisão global é geralmente expressa em percentagem, sendo que 100% de precisão corresponde a uma classificação perfeita em que todos os sítios de referência foram corretamente classificados. No final, este modelo apenas fornece ao utilizador e ao produtor de mapas informações básicas sobre a precisão.

Para o nosso trabalho, temos uma precisão global média **de 0,75%, ou seja, 75% de** precisão.

O segundo método é o modelo de avaliação para calcular o coeficiente Kappa. O coeficiente Kappa é gerado a partir de um teste estatístico para avaliar a exatidão de uma classificação. O coeficiente Kappa avalia essencialmente o desempenho da classificação em comparação com a atribuição aleatória de valores, ou seja, se a classificação foi melhor do que a atribuição aleatória. O coeficiente Kappa varia entre -1 e 1. Um valor de 0 indica que a classificação não é melhor do que uma classificação aleatória. Um número negativo indica que a classificação é significativamente pior do que a aleatória. Um valor próximo de 1 indica que a classificação é significativamente melhor do que a aleatória.

De acordo com o cálculo do "coeficiente Kappa", o resultado da classificação da imagem é de **0,63, ou seja, 63% de** precisão. Mas, para além destes dois modelos de avaliação, outras medidas de precisão, como a precisão do lado do produtor e do lado do utilizador, são utilizadas neste trabalho para um maior rigor científico.

A precisão do produtor é, portanto, a precisão do mapa do ponto de vista do cartógrafo (o produtor). É a frequência com que as características reais do terreno são corretamente apresentadas no mapa classificado, ou a probabilidade de uma determinada ocupação do solo de uma área no terreno ser classificada como tal. A exatidão do produtor é o complemento do erro de omissão, exatidão do produtor = 100% de erro de omissão. É também o número de sítios de referência classificados com exatidão dividido pelo número total de sítios de referência para essa classe.

A precisão do utilizador é a precisão do ponto de vista do utilizador do mapa, não do cartógrafo. A precisão do utilizador indica essencialmente a frequência com que a classe no mapa estará realmente presente no terreno. Isto é conhecido como fiabilidade. A precisão do utilizador é complementar ao erro de comissão, precisão do utilizador = 100% de erro de comissão. A precisão do utilizador é calculada tomando o número total de classificações correctas para uma determinada classe e dividindo-o pelo total da linha. Este modelo baseia-se numa matriz de erros. Após a avaliação, eis os resultados das precisões do produtor e do utilizador para as imagens de 2005 e 2008.

Quadro 2: Resultados da exatidão do modelo de classificação da imagem Landsat 7 2005

Classes	**Precisão do produtor**	**Precisão do utilizador**
Habitat	0,78	0,81

Vegetação	0,87	0,82
Espaços vazios (solo nu)	0,91	0,93

Quadro 3: Resultados da exatidão do modelo de classificação Landsat 8 2020

Classes	Precisão do produtor	Precisão do utilizador
Habitat	0,51	0,67
Vegetação	0,71	0,62
Espaços vazios (solo nu)	0,80	0,66

Os resultados destas precisões mostram que a classificação das imagens é geralmente boa. De facto, todos os métodos utilizados para calcular a precisão mostram que estamos acima dos 50%, o que é globalmente satisfatório e indica uma boa classificação da imagem.

1.5.5 Quadro recapitulativo do plano e dos instrumentos de recolha de dados no terreno

Quadro 4: Resumo do plano e dos instrumentos de recolha de dados no terreno

Períodos	Localizações	Objectivos	Métodos	Técnicas	Ferramentas	Força de trabalho
outubro de 2022	Cidade de Bambey	Populações dos diferentes bairros	Quantitativo	Manutenção Individual	Questionário	66
setembro e outubro de 2022	Locais de trabalho ou de serviço	Chefe do Departamento Técnico da Câmara Municipal de Bambey; Chefe do Departamento de Urbanismo e Habitação de Bambey; - Um (1) membro da sociedade não comercial	Qualitativo	Manutenção Individual	Guia de manutenção	3

I PARTE

DINÂMICAS URBANAS NA CIDADE DE BAMBEY

Nesta secção, começamos por apresentar a cidade de Bambey. Trata-se de descrever as características físicas do solo e as características climáticas do meio. Em segundo lugar, uma breve panorâmica dos sectores de atividade económica da cidade e, em terceiro lugar, uma descrição do processo de urbanização da cidade, antes de concluir com uma análise dos diferentes factores da dinâmica espacial da cidade.

Capítulo I: Apresentação da cidade de Bambey

Neste capítulo, apresentamos a cidade. Falamos em seguida da sua posição geográfica, das suas características, nomeadamente as características físicas do seu sítio, ou seja, a natureza do solo e também os aspectos climáticos da zona. Mas também analisámos os diferentes sectores de atividade da cidade e a sua organização espacial.

1.1 Uma cidade no coração da bacia do amendoim

Situada no centro-oeste do Senegal, na região de Diourbel, Bambey é uma cidade secundária no meio do campo, que faz a ligação entre Dakar, a capital do Senegal, e o seu interior. Situa-se entre a latitude 14°42 Norte e a longitude 16°27 Oeste. A cidade está situada no departamento com o mesmo nome. A cidade situa-se a meio caminho entre Thies e Fatick, às quais está ligada pelas duas estradas inter-regionais R.32 e R.61, e a 20 km de Diourbel, na Route Nationale 3 (RN3) que liga Dakar a Diourbel através da cidade de Thies.

A cidade de Bambey situa-se no cruzamento de uma importante rede rodoviária e ferroviária, o que faz dela uma encruzilhada. Esta facilidade de acesso favorece o desenvolvimento de importantes intercâmbios entre a cidade de Bambey e o seu interior, principalmente utilizado para fins agro-pastoris, por um lado, e o resto do país, por outro (PDU de Bambey).

A cidade de Bambey situa-se no centro da bacia do amendoim e faz fronteira a norte com a comuna de Ngogom, a sul com a comuna de Ngoye, a leste com a comuna de Thiakhar e a oeste com a comuna de Ndangalma. É sobretudo nestas quatro comunas que a dinâmica espacial da cidade é mais evidente.

Apesar do seu estatuto de capital de departamento, Bambey é a comuna mais pequena do departamento em termos de superfície. [22]Tem uma superfície inicial de 7 km ( ), que, com as recentes extensões, passou para 9 km ( ).

Mapa 1: Localização geográfica da cidade de Bambey

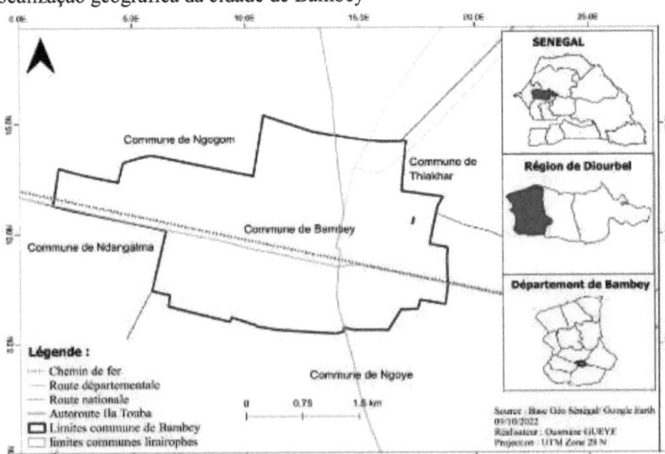

Fonte: Base Geo Senegal/Google Earth/QGIS

1.2 Características físicas e climáticas de Bambey

Cidade de características rurais, a localização de Bambey faz com que seja afetada pelo clima sahelo-sudanês do norte do país. Estas características climáticas, severas durante a maior parte do ano

(estação seca), fazem com que as condições climáticas da zona sejam restritivas em determinadas condições. Este facto influencia o estado dos solos da vegetação e as condições hídricas da cidade.
O local da cidade é marcado por um relevo relativamente homogéneo, com vastas planícies arenosas e depressões na parte sul da cidade. Esta situação facilita as actividades silvipastoris no departamento em geral e em torno da cidade em particular. As formações geológicas do sítio pertencem ao Terciário, ou seja, ao "Eoceno Inferior" com margas calcárias. O sítio da cidade é uma antiga zona de depressão que formava uma rede hidrográfica com o marigot.
Na maioria dos bairros da cidade, ainda são visíveis algumas poças de água, principalmente nos períodos de chuva intensa, quando as águas pluviais escorrem para os bairros. A impermeabilidade dos solos e o seu carácter hidromórfico com baixa porosidade provocam acidentes, sendo mais notória a intensidade do escoamento e a formação de poças transbordantes.
No município, os diferentes tipos de solo encontrados são os seguintes:
Os solos Deck Dior, mais comuns e mais representados na cidade, são solos tropicais franco-argilosos com um elevado teor de silte e argila. Têm também uma grande capacidade de retenção de água. Estes tipos de solo ocupam as zonas centrais e periféricas da cidade. Com alto teor de argila, o solo fica rapidamente saturado, causando a estagnação da água e acentuando as enchentes em toda a cidade durante os meses de inverno. São solos aptos para a agricultura e capazes de proporcionar excelentes colheitas num ano de pluviosidade normal. A esta categoria de solos juntam-se os solos calcimórficos, que são solos Deck Dior com um teor muito elevado de calcário. A sua textura é mais compacta do que os solos Deck Dior. De acordo com o plano urbanístico de referência, encontram-se em quase todo o território dos distritos de Wakhaldiam, Leona Norte e Leona Sul.
Os solos de Dior, situados a norte da cidade e na periferia dos bairros de Wakhaldiam e Leona Nord, são solos tropicais ferruginosos com baixo teor mineral e orgânico. São muito lixiviados e degradam-se muito rapidamente devido aos efeitos da monocultura nesta zona e às condições climatéricas. Estes solos são ideais para o desenvolvimento urbano e a construção (PUR).
A precipitação distribui-se de forma desigual pelo globo. Algumas regiões recebem quantidades muito maiores numa altura em que outras estão privadas de precipitação e se encontram numa situação de seca extrema. As quantidades de chuva registadas no departamento de Bambey e recolhidas de um ano para o outro variam entre 400 e 800 mm por ano. Sob a influência do clima predominantemente saheliano sudano-saheliano, Bambey regista uma pluviosidade reduzida em comparação com as regiões do sul do país.
As observações efectuadas na estação de Bambey entre 2007 e 2010 mostram um ano chuvoso (2008) com mais de 800 mm de água (ANSD/SRSD/DRDR).
No departamento de Bambey, tal como na cidade com o mesmo nome, as temperaturas são geralmente elevadas, variando entre uma mínima média de 24°C em janeiro e uma máxima média de 38°C em maio-junho. No entanto, em raras ocasiões, as temperaturas mínimas descem, acentuando a amplitude térmica diária. Estes momentos são geralmente observados durante o primeiro trimestre do ano com temperaturas amenas, mas com a chegada do harmatão (fevereiro-março) esta tendência inverte-se muito rapidamente antes da chegada da monção entre julho e setembro (período de inverno).

1.3 Uma economia predominantemente agrícola

Cidade do campo, cidade rural ou cidade agrícola, Bambey é uma das cidades do país onde a população agrícola é mais numerosa. Este facto justifica a predominância da agricultura e da pecuária na cidade. No entanto, o desenvolvimento do comércio continua a ser uma realidade na cidade, ainda que dominado pelo comércio informal e de pequena escala. A estes sectores junta-se o artesanato, pouco dinâmico, mas que, apesar de tudo, se torna o terceiro maior sector de atividade da cidade.
Nas linhas seguintes, analisámos os diferentes sectores de atividade económica da cidade para obter uma imagem clara do seu desenvolvimento económico.

1.3.1 Sectores de atividade de base (agricultura e pecuária)

Estas duas actividades constituem os principais sectores de atividade do departamento em geral e ocupam um lugar importante nas actividades económicas da cidade. Com efeito, a vocação primária

da cidade e a sua situação geográfica, no coração da bacia do amendoim, fazem da agricultura uma atividade essencial que contribui para a produção alimentar e para o rendimento das famílias.
A cidade deve o seu desenvolvimento à expansão da cultura do amendoim e à existência do caminho de ferro na época colonial, pois era um local de comercialização do amendoim, o que fez de Bambey uma cidade de escala. Hoje, apesar da diminuição das terras aráveis devido à urbanização, à degradação das terras agrícolas e à diminuição da pluviosidade nos últimos anos, a cidade continua a dever a sua influência económica à agricultura e à pecuária. O mercado de gado, que se realiza todas as sextas-feiras e atrai comerciantes de todo o Senegal, é o maior e mais popular mercado do departamento, embora a maior parte dos comerciantes provenha de Diourbel, Linguere, Khombole e das comunas rurais de Bambey, como Ngoye, Ndangalma, Thiakhar, Refane e Ndolndol.

1.3.2 O comércio, um sector dominado pelo sector informal

Pouco desenvolvido devido à pobreza da cidade, o comércio é uma das actividades económicas mais dominantes na cidade, depois da agricultura e da pecuária. O mercado central de Bambey é o local de eleição para a maioria das actividades comerciais. O comércio informal representa também uma parte muito importante do sector. Situa-se principalmente no interior e nas imediações da estação de autocarros (PDU de Bambey horizonte 2021). Estas empresas flutuantes empregam uma grande parte das donas de casa, o que constitui uma fonte de atividade económica secundária.
O comércio está a conhecer uma nova dinâmica graças ao desenvolvimento dos mercados semanais no departamento. Este facto é particularmente notório nas comunas rurais e confirma o papel outrora polarizador da cidade de Bambey. O número reduzido de grandes comerciantes, a proliferação de pequenos comércios e, sobretudo, a existência de um mercado específico para o gado, apontam para a ruralização das funções da cidade.
Para as antigas comunidades rurais, a criação de mercados semanais representa um desafio importante na procura de um aumento das receitas. O departamento dispõe de treze mercados rurais semanais (PDU). O dinamismo das actividades comerciais é igualmente reforçado pelos mercados semanais vizinhos, como o de Mbafaye, no departamento de Mbour, o de Niakhar, no departamento de Fatick, o de Touba-Toul, no departamento de Thies, ou ainda o mercado nacional de Dahra, no departamento de Linguere. A dimensão destes mercados é visível mesmo fora do território nacional, pois muitos malianos, gambianos e mauritanos vendem ou compram produtos nestes mercados (PDU).
A popularidade dos mercados semanais é real e está a contribuir para melhorar as receitas das autarquias locais e diversificar as actividades das pessoas.

1.3.3 O artesanato, um sector em declínio

O artesanato é o sector de atividade da cidade que reúne um bom número de trabalhadores, apesar dos problemas que este sector apresenta. De facto, a maior parte das pessoas que trabalham neste domínio estão no sector informal. De marceneiros a costureiras, o sector pode ser dividido em dois. Em primeiro lugar, o artesanato de produção, que inclui a carpintaria e a marcenaria (madeira e metal). Em segundo lugar, existe o sector dos serviços, que inclui a mecânica. Mas as dificuldades encontradas neste sector são a falta de formação profissional e o desconhecimento do sector na cidade. O artesanato não é muito praticado na cidade, exceto pelas donas de casa dos bairros.
Apesar do grande número de pessoas que trabalham neste sector, o artesanato continua a ser um sector de atividade económica não regulamentado e pouco conhecido na cidade. Por conseguinte, a maioria das pessoas que trabalham neste sector consideram-no uma atividade secundária, tal como as donas de casa.
A cidade de Bambey situa-se entre 14°42 de latitude norte e 16°27 de longitude oeste. Partilha os seus limites comunais com quatro outras comunas (Ngoye, Ngogom,
Thiakhar e Ndangalma). O meio físico apresenta três tipos de solos. Estes são os solos dior, os solos deck dior e os solos calimórficos. O meio físico é propício às inundações, uma vez que os solos são quase totalmente impermeáveis.
A economia de Bambey é dominada pela agricultura, apesar do desenvolvimento de outros sectores económicos, como o comércio, ainda que este último se caracterize pela informalidade. O artesanato

emprega poucas pessoas na cidade. Mas, para além destes sectores de atividade, podemos citar o desenvolvimento do sector digital com serviços de transferência de dinheiro que atraem cada vez mais pessoas para a cidade.

Mas, independentemente da situação económica da cidade e das características do seu ambiente físico, Bambey é hoje uma cidade dinâmica que atrai pessoas desde a sua fundação.

Capítulo II: Dinâmica urbana da cidade de Bambey

A cidade de Bambey, que recebeu o estatuto de município em 1956, continua a atrair pessoas. Com as suas numerosas infra-estruturas e equipamentos, é o ponto de convergência de todo um departamento. Antes da independência, a comercialização de Carachi e a estação ferroviária desempenharam um papel importante no desenvolvimento da cidade. Mas, após a independência, a cidade viu desenvolverem-se novas actividades económicas, atraindo mais pessoas e continuando a sua expansão para as aldeias vizinhas. E isto apesar dos condicionalismos naturais, jurídicos e administrativos da zona.

Neste capítulo, após uma breve síntese da sua organização espacial, procuramos descrever a dinâmica espacial da cidade no período pós-independência, de 1960 até à atualidade. Nesta secção, concentramo-nos em três períodos. O primeiro é o período de 1960 a 2000, seguido do período de 2000 a 2010, marcado pela primeira mudança política no Senegal, durante o qual a cidade de Bambey beneficiou de um certo número de favores devido ao facto de o presidente da câmara da altura pertencer a este movimento político, e finalmente o período de 2010 até aos nossos dias, marcado por um crescimento urbano cada vez mais intenso.

11.1 Organização espacial da cidade de Bambey

[2]A cidade de Bambey tem uma superfície de 7 km. Está dividida em duas partes, norte e sul, pelo caminho de ferro que conduz a Touba. Na época colonial, a cidade estava dividida em dois bairros: o bairro dos colonos (Escale), a norte do caminho de ferro, e o bairro dos indígenas (DVF), a sul. Esta divisão deveu-se ao importante papel desempenhado pela estação de caminho de ferro antes da independência. Atualmente, a cidade está dividida em quatro distritos: Wakhaldiam, Leona Norte, Leona Sul e DVF.

De acordo com o plano diretor urbanístico da cidade de Bambey, as estradas principais do departamento que atravessam a cidade foram utilizadas pelas autoridades para dividir o município em quatro bairros. A norte da estrada principal, situam-se os bairros de Wakhaldiam (120ha),

Leona North (181ha) e Leona South (119ha), enquanto no sul existe um único distrito, D.V.F, que cobre cerca de 500ha.

Mapa 2: Organização espacial da cidade de Bambey

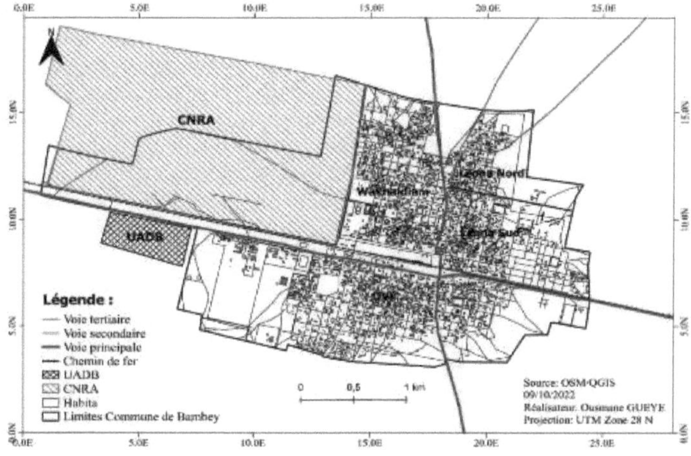

Fonte: OSM/Google Earth/QGIS

11.2 Processo de urbanização da cidade de Bambey

A partir de 1960, o processo de urbanização da cidade pode ser dividido em três fases. Estas diferentes fases são descritas nas linhas que se seguem, a fim de compreender a génese e o processo pelo qual Bambey se tornou uma cidade universitária no meio do campo.

II.2.1 O período de 1960 a 2000: urbanização em torno dos grandes eixos de transporte

De 1960 até aos anos 2000, o desenvolvimento urbano da cidade de Bambey foi muito limitado. E quando existia, limitava-se às estradas principais. É a chamada urbanização linear. De facto, as concentrações populacionais limitavam-se às zonas em torno do DVF, o bairro dos indígenas, e do Wakhaldiam, o bairro dos colonos, o centro urbano. Estes bairros estão separados pela RN3 e pelo caminho de ferro, criando uma segregação socio-espacial na ocupação do espaço.

A cidade de Bambey desenvolveu-se originalmente de um lado e de outro do caminho de ferro, com o bairro dos colonos a norte, conhecido como "Escale Commerciale", e a aldeia indígena a sul do caminho de ferro, que é atualmente o bairro DVF. Assim, o caminho de ferro foi, durante muito tempo, o eixo estruturante que influenciou a organização espacial da cidade, uma vez que serviu de suporte ao fluxo de pessoas e mercadorias que chegavam ou passavam pela cidade de Bambey, cujo único centro de intercâmbio era a estação ferroviária (PDU).

Capital do departamento, a cidade começa a ser muito atraente, graças a um certo número de serviços administrativos. De facto, a dinâmica urbana começou a ganhar forma principalmente neste momento da história do Senegal e da comuna em particular. Estes serviços, como a polícia, a gendarmaria, a prefeitura e o tribunal departamental de Bambey, bem como as infra-estruturas de saúde e de educação, são pontos de atração que permitem à cidade polarizar todo um departamento. Não se trata de um trunfo da cidade de Bambey enquanto tal. Trata-se, sim, de uma vontade política manifestada pela autoridade política com uma visão de organização do território nacional. O desenvolvimento da cidade foi fortemente influenciado pelo comércio do amendoim na altura. Assemelhava-se às vilas comerciais, que "*constituíam entrepostos comerciais onde se instalavam um ou vários comerciantes"*. Estes tipos de cidades "organizavam-se *geralmente em torno da zona adjacente à estação de caminho de ferro. Por efeito de arrastamento, foram criadas actividades conexas ligadas à comercialização e ao escoamento dos produtos do amendoim" (*DIOP A., 2005).

A organização territorial da cidade, herdada dos colonos, fez com que tudo se organizasse em torno do bairro "Escale", e continua a ser assim até aos dias de hoje. De facto, o Escale é o centro vital com os seus diferentes equipamentos. O espaço organiza-se de forma concêntrica e o tecido urbano torna-se tanto mais denso quanto mais se afasta do centro urbano, do centro de negócios, dos edifícios administrativos, das estradas e das redes diversas (DIOP A., 2005). Esta lógica segregativa da cidade estabelecida pelos colonos explica-se pelo facto de esta se ter desenvolvido ao longo da linha férrea e da RN3. Estas duas vias de comunicação dividem a cidade em duas partes (Norte e Sul).

Como em todos os países, a seca dos anos 70 contribuiu para o desenvolvimento espacial e o peso demográfico da cidade. De facto, marcada por crises agrícolas (FAYE S., 2018), a seca acentuou a deslocação das populações rurais dos campos circundantes para Bambey. A cidade, farol de esperança para uma população atingida pelo fosso da fome, pela crise agrícola e pela fome, viu a sua população crescer de um dia para o outro devido à crise agrícola nas zonas rurais circundantes. As terras rurais tornaram-se inférteis, as colheitas agrícolas diminuíram drasticamente e as pessoas desesperadas abandonaram o campo em direção às cidades. Esta situação levou à necessidade de novos terrenos para habitação, o que, por sua vez, levou à expansão da cidade ou ao alastramento do seu tecido urbano para terrenos agrícolas: foi a rurbanização.

Este movimento de pessoas do campo para Bambey, combinado com o crescimento demográfico natural da cidade, fez com que a sua população passasse de 5 600 habitantes em 1966 para 9 853 em

1976 (FAYE S., 2018). De acordo com a Direção das Estatísticas e da Prevenção (DSP). [17]Entre 1960 e 1997, foi urbanizada uma superfície de 152 hectares. Este facto pode ser explicado pelo aumento da população da cidade. [18]Esta expansão urbana da cidade é justificada por uma taxa de urbanização que se situava respetivamente entre 6,3% em 1979 e 8,42% em 1988 (ANSD, 2015) .

Mapa 3: Mapa de ocupação do solo da cidade de Bambey em 1990

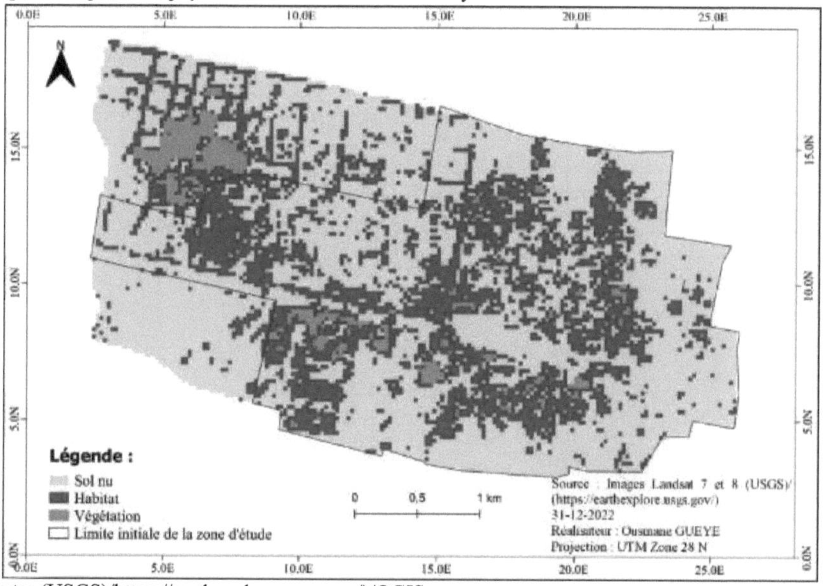

Fonte: (USGS)/https://earthexplore.usgs.gov/)/QGIS

[2]Este mapa de utilização do solo de 1990 mostra que, apesar da densidade populacional relativamente elevada de Bambey, os terrenos vazios ocupam 8,45 km da superfície da cidade. Em princípio, um crescimento demográfico significativo consome espaço. Por conseguinte, será interessante verificar, nas linhas seguintes, qual teria sido a superfície da área construída e dos terrenos vazios da cidade nos próximos 15 anos (2005), tendo em conta o elevado peso demográfico da cidade.

11.2.2 A era da urbanização controlada (2000 a 2010)

Na década de 2000, a cidade de Bambey conheceu uma nova dinâmica espacial, com um crescimento contínuo da sua população. Em 2002, segundo o RGPH, a cidade contava com 20.366 habitantes, contra 15.766 em 2001. A taxa de urbanização da cidade passou de 8,42% em 1988 para 9% em 2002. Este crescimento demográfico meteórico não é isento de consequências, uma vez que se repercute nas necessidades de espaço habitacional. Assim, foram lançados vários projectos de urbanização pelas colectividades locais para responder à procura crescente de habitação.

Por volta de 2007, a cidade de Bambey ultrapassou progressivamente os seus limites comunais de origem e estendeu-se aos terrenos do domínio nacional pertencentes às comunas rurais circundantes. Assim, assiste-se ao desenvolvimento da zona urbanizada a norte, em direção à comunidade rural de Ndangalma, a leste, em direção a Thiakhar e, sobretudo, a sul, em direção a Ngoye. Com a instalação do colégio universitário regional na comuna, criado em 2004 e transformado em universidade de pleno direito em 2010, e que se situa dentro dos limites comunais de Ndangalma, assiste-se ao desenvolvimento de novos edifícios e ao avanço da construção nesta zona, que se estende da noite

[17] Citado por FAYE M., 2013. L'implantation de l'universite Alioune Diop de Bambey comme facteur d'urbanisation, tese de mestrado em geografia.

[18] Situação económica, social e regional da região de Diourbel em 2015

para o dia até à aldeia de Bambey Serere. Foi também durante este período que a expansão urbana da cidade começou a ser cada vez mais notória, conflituosa e preocupante. A criação da Universidade Alioune Diop de Bambey e as novas actividades que surgiram na sua sequência acentuaram a necessidade de habitação, pelo que a corrida ao imobiliário se tornou uma realidade que antes passava despercebida na comuna. O desenvolvimento do sector imobiliário torna-se uma alternativa para responder às numerosas necessidades de alojamento.

A expansão da cidade reflectiu-se na fragmentação dos campos agrícolas dos agricultores de Keur Sakoura Badiane, uma aldeia do bairro Leona Sud de Bambey. Na altura, todas as parcelas foram negociadas em terrenos pertencentes ao património nacional, ocupados e desenvolvidos por famílias de agricultores.

O mapa seguinte mostra a utilização do solo da cidade em 2005.

Mapa 4: Mapa de ocupação do solo da cidade de Bambey em 2005

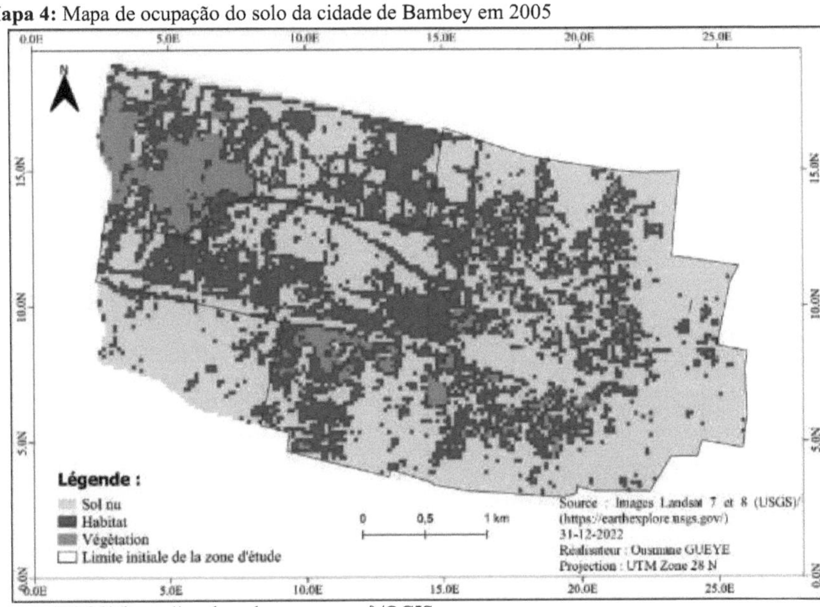

Fonte: (USGS)/https://earthexplore.usgs.gov/)/QGIS

Este mapa mostra uma redução da área de espaços vazios a favor dos edifícios e da vegetação. [2]A área construída, que era de 4,35 km em 1990, era de 5,11 km2 em 2005, enquanto a área de espaços vazios ou terrenos diminuiu de 8,45 km2 em 1990 para 7,32 km2 em 2005.

Esta análise mostra que, à medida que a população aumenta, a área construída se expande, a cidade se espalha e o espaço vazio diminui de tamanho. Então, nos próximos 15 anos (2020), qual será a situação da cidade em termos de ocupação do seu perímetro municipal?

11.2.3 De 2010 até à atualidade, uma era de urbanização intensa e descontrolada

No rescaldo dos anos 2010, a população da cidade aumentou para 28 908 habitantes (RGPHAE, 2013). O período de 2010 a 2020 é verdadeiramente a era da urbanização da cidade de Bambey, coincidindo com o pleno funcionamento da Universidade Alioune Diop. A criação de novas infra-estruturas e equipamentos na cidade está a atrair mais pessoas do campo, das antigas comunidades rurais de Ngoye e Thiakhar, entre outras. Como resultado deste forte crescimento demográfico natural e dos fluxos populacionais, a taxa de urbanização da cidade passou de cerca de 9% em 2002 para 10% em 2013 (RGPHAE, 2013).

Este forte crescimento demográfico distribui-se de forma desigual pelos diferentes bairros da cidade.

De facto, existe uma forte concentração de população no bairro DVF, que se dirige para Ngoye, a sul, em direção à estrada Bambey-Fatick, e o desenvolvimento da zona urbanizada com novas construções confirma a expansão urbana da cidade em direção aos terrenos agrícolas. Estas novas construções resultam, por vezes, da ação de uma família dos campos circundantes que, receando que o seu campo seja reclamado e subdividido pelo município, decidiu tomar medidas para construir o seu terreno e colocá-lo à disposição dos arrendatários. O chefe do departamento de urbanismo e habitação de Bambey afirma: "São *os habitantes da aldeia que investem na propriedade e na terra. De facto, são eles os proprietários dos campos agrícolas nos arredores da cidade, se nos referirmos ao direito consuetudinário*" (entrevista, outubro de 2022).

A construção de edifícios em terrenos agrícolas é justaposta ao aumento da procura de habitação. De facto, a chegada de estudantes e de funcionários públicos à cidade cria todos os anos uma necessidade de habitação, tal como o crescimento demográfico natural da população da cidade. Estes factos, tanto naturais como artificiais, contribuem para a explosão do sector imobiliário e do valor das rendas (entrevista com o chefe do serviço técnico da Câmara Municipal, agosto de 2022).

O Decreto n.º 2003-410 de 4 de junho de 2003, que aprovou e tornou executório o plano diretor de urbanização da comuna de Bambey, faz com que hoje, apesar dos constrangimentos jurídicos e administrativos à sua expansão, a cidade de Bambey disponha já de reservas fundiárias que lhe permitem responder à procura de habitação por parte da população, bem como de equipamentos básicos e de serviços sociais. Atualmente, a cidade expande-se quase inteiramente para sul e leste, com projectos de urbanização previstos para 2020 nos bairros DVF e Leona. Estes projectos, que eram apenas extensões destes bairros, fragmentaram o que restava das reservas fundiárias da cidade. No entanto, é preciso notar que o desenvolvimento de edifícios e de acampamentos informais na periferia da cidade agrava a situação, pois provoca uma insegurança fundiária com múltiplas consequências. De facto, na sequência do decreto n°2011-1991 de 16 de dezembro de 2011 que altera e alarga os limites territoriais da comuna de Bambey, as autoridades da cidade de Bambey, em 2020, que pretendiam iniciar loteamentos nos terrenos atribuídos à sua comuna pelo Estado, depararam-se com uma oposição feroz das autoridades municipais das quatro comunas circundantes da cidade.

Figura 1: Evolução da taxa de urbanização da cidade de 1979 a 2013

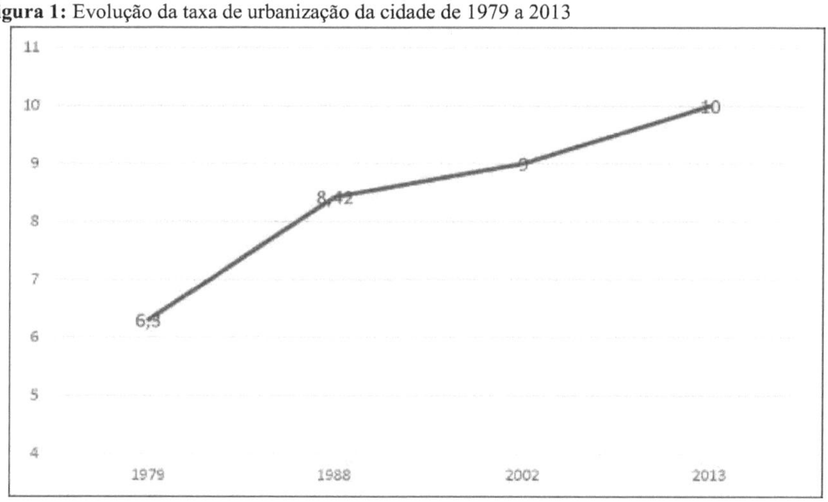

Fonte: ANSD

Este gráfico mostra a evolução da taxa de urbanização da cidade de 1979 a 2013. Esta era de 6,3% em 1979 e atingiu 10% em 2013, após mais de 34 anos, passando para 8,42% em 1988 e 9% em 2002. A partir deste gráfico, podemos constatar que a taxa de urbanização da cidade está a aumentar mais de

1% em cada 10 anos.

Mapa 5: Mapa de ocupação do solo da cidade de Bambey em 2020

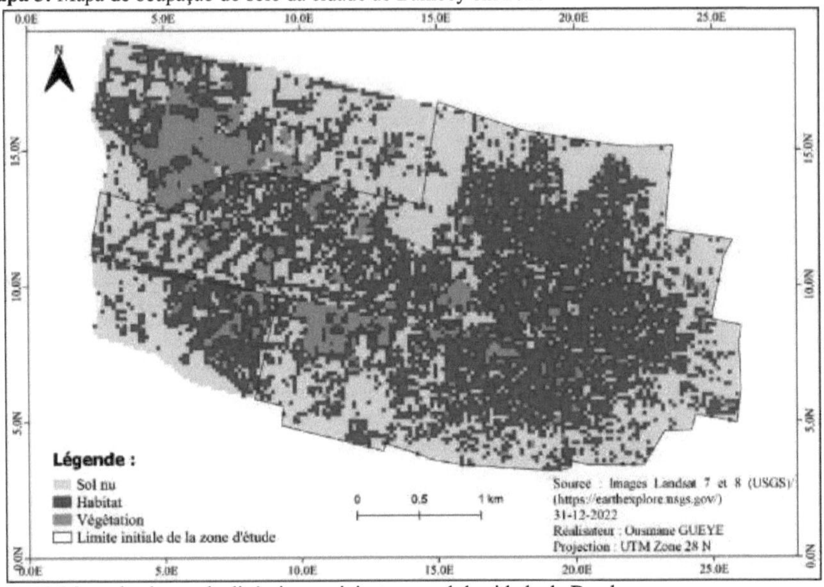

Mapa 6: Mapa de síntese da dinâmica espácio-temporal da cidade de Bambey

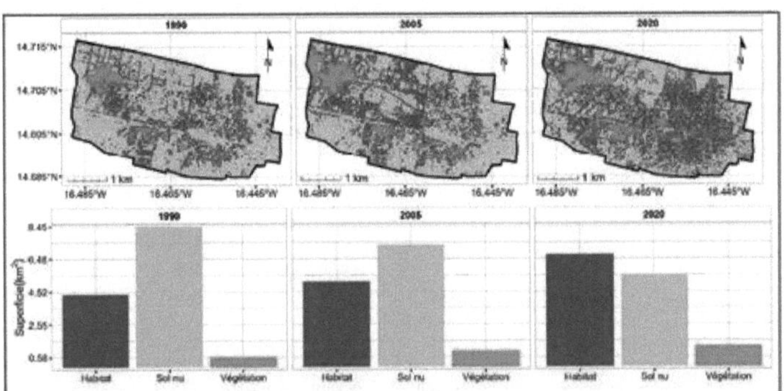

Fonte: USGS/httpas://earthexplore.usgs.gov/

A evolução espacial da cidade de Bambey tornou-se um facto notável. Durante os últimos trinta anos, a área construída não parou de crescer e os terrenos agrícolas em redor da cidade tornaram-se cada vez mais procurados. O gráfico seguinte mostra a evolução da superfície da cidade nos últimos trinta (30) anos.

Figura 2: Alteração da superfície dos edifícios, da vegetação e do solo nu de 1990 a 2020

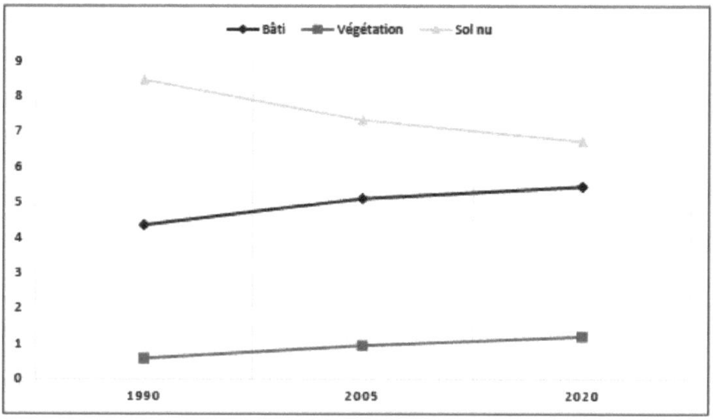

Este gráfico mostra que a superfície da vegetação e dos edifícios continua a aumentar a cada quinze (15) anos, ao contrário da terra nua, cuja superfície está constantemente a diminuir em benefício dos edifícios. [2]De facto, a superfície edificada medida em 1990, 2005 e 2020 era de 4,35, 5,11 e 5,45 km respetivamente. A área de vegetação é de 0,58, 0,95 e 1,21 km. Por outro lado, a superfície de espaços vazios ou de solo nu era de 8,45 km2 em 1990, 7,32 km2 em 2005 e 6,72 km2 em 2020.

Esta evolução espacial da cidade desde o seu nascimento é o resultado da conjugação de vários factores no tempo e no espaço. No próximo capítulo, analisamos os vários factores que acentuam a dinâmica espacial da cidade.

Capítulo III: Dinâmica espacial da cidade de Bambey

Este capítulo aborda os diferentes factores da dinâmica espacial da cidade de Bambey, com base nos resultados da nossa investigação (documentação e inquérito de campo).

Assim, procurámos identificar os principais factores do crescimento urbano para compreender melhor a revolução espacial da cidade de Bambey.

111.1 Crescimento demográfico espetacular desde 1976

A cidade de Bambey, como muitas das cidades de segunda linha do país e capital de um departamento, está a sofrer grandes transformações sociais e espaciais. Estas transformações sociais e espaciais caracterizam-se por um crescimento demográfico significativo e por dinâmicas urbanas espectaculares.

A evolução da população de uma cidade é um fator determinante da sua dinâmica espacial. De facto, o crescimento da população conduz sempre a uma necessidade de habitação que, por sua vez, consome espaço e, por conseguinte, impulsiona a expansão espacial. De facto, esta população, que aumenta de ano para ano devido ao crescimento demográfico natural do departamento e aos efeitos da migração, exerce uma grande pressão sobre o território, quando a maior parte da reserva fundiária restante é constituída por terras agrícolas e pastagens. As autoridades públicas locais têm, por conseguinte, de encontrar espaço para alojar a população e fornecer infra-estruturas e equipamentos adequados para apoiar o desenvolvimento espacial e económico da cidade.

Na sequência da reorganização administrativa que dividiu as regiões de Louga e Diourbel, Bambey tornou-se o terceiro departamento da região de Diourbel, a par de Mbacke e Diourbel. Um departamento com um crescimento demográfico significativo, marcado por uma distribuição desigual da população entre as zonas rurais e urbanas. De facto, todo o departamento de Bambey é constituído por uma população rural, com 90,3% da sua população a viver em zonas rurais (ANSD, 2013).

De acordo com o RGPHAE 2013, o departamento de Bambey acolhe 20% da população da região de Diourbel, atrás de Mbacke com 62% e à frente de Diourbel, que ocupa o terceiro e último lugar com 18%. No entanto, apesar desta dicotomia entre a população rural e urbana do departamento, a cidade de Bambey regista um crescimento urbano impressionante, que reflecte a dinâmica da sua urbanização desde o período pós-independência.

De acordo com os dados da DPS, a população da cidade quase duplicou entre 1960 e 1997, passando de 5.600 habitantes em 1960 para 9.853 em 1976[19]. A cidade de Bambey regista um forte crescimento demográfico, que ocupa muito espaço, com um declínio relativo. A taxa média de crescimento da população urbana foi de 3,4% entre 1961 e 1976. No entanto, é preciso dizer que esta taxa é inferior à média observada nas comunas do país na altura, que era de 4,9%.

Entre 1976 e 1988, a taxa média de crescimento anual da cidade foi de 4,3%. Esta taxa foi superior à taxa de crescimento registada na cidade durante a década de 1960. No entanto, esse crescimento populacional começaria a declinar novamente em 2002. Este facto é justificado pela sua taxa de crescimento, que foi de 2,5% (RGPH, 2002), seguida de um aumento de 3,7% entre 2005 e 2015. Em 2016, a taxa de urbanização da cidade de Bambey era de 9,7%, contra 16% da região de Diourbel (ANSD, 2016).

Este forte crescimento demográfico conduziu, por sua vez, a uma expansão urbana rápida e contínua. Em 2002, a população da cidade de Bambey era de 20.366 habitantes (RGPH, 2002). Este peso demográfico, caracterizado por uma população jovem, com 55% de jovens com menos de 20 anos, cria uma procura de habitação que deverá ser satisfeita nos próximos anos ou décadas, apesar do esgotamento dos limites municipais da cidade.

Este crescimento demográfico ascendente atingiu 28 908 habitantes, de acordo com o último recenseamento da população em 2013. Este crescimento demográfico é um dos principais factores da atual dinâmica urbana da cidade. [19] [20]As projecções demográficas da ANSD para o Senegal ( ) indicam que a população urbana de Bambey atingirá 39 474 habitantes em 2023, 40 753 em 2024 e 42 077 em 2025.

Este crescimento demográfico da cidade não pode ser considerado tendo em conta apenas o crescimento natural da população. De facto, os fenómenos de migração temporária ou sazonal dos estudantes e outros funcionários públicos da cidade não podem ser ignorados ou reduzidos a nada, pois constituem uma parte extremamente importante da população da cidade e têm consequências enormes em termos de consumo de espaço, o que se traduz numa procura de habitação, dada a incapacidade do campus social para os acolher.

Figura 3: Crescimento da população de 1988 a 2025

[19] Citado em FAYE, 2013. L'implantation de l'universite Alioune Diop de Bambey comme facteur d'urbanisation, tese de mestrado 2 em geografia.

[20] ANSD, 2013: Projeção da população da região de Dakar

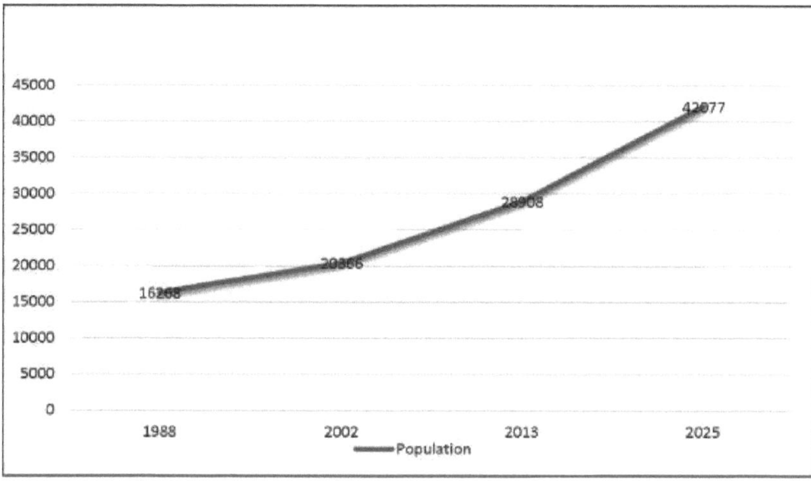

Source : ANSD

Esta população, em constante crescimento, distribui-se de forma desigual pelos quatro bairros da cidade. O bairro DVF continua a ser o mais populoso, com 11.146 habitantes, ou seja, 38,53% da população total da cidade. É o bairro operário que acolhe a maior parte da população agrícola da cidade. O distrito de Leona Norte é o menos povoado, com 5.113 habitantes, ou seja, 17,7% da população total. Leona Sud tem 6.813 habitantes, ou seja, 23,57% da população. O distrito de Wakhaldiam, por outro lado, alberga
5.836 habitantes, ou seja, 20,2% (ANSD, 2013). A distribuição da população da cidade mostra disparidades. De facto, dividida em quatro grandes distritos, a cidade de Bambey concentra a maior parte da sua população no Sul, no distrito de DVF.

O gráfico seguinte mostra a repartição da população da cidade por distrito.

Figura 4: Diagrama de faixas populacionais por bairro

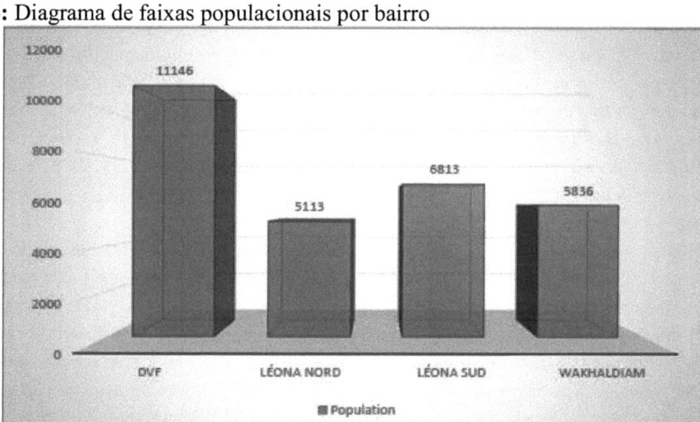

Fonte: ANSD, RGPHAE, 2013

Quadro 5: Repartição da população da cidade por sexo e distrito

Bairros	Homens	Mulheres	TOTAL
DVF	5 296	5 851	11 146
Leona Nord	2 331	2 782	5 113

Leona South	3 182	3 631	6 813
Wakhaldiam	2 770	3 067	5 836
TOTAL	13 579	15 331	28 908

Fonte: ANSD/RGPHAE, 2013

Com uma população cada vez mais numerosa e com estimativas que não apontam para uma tendência decrescente nos próximos anos, a cidade continuará a estar sujeita a esta pressão demográfica crescente. Este facto sugere que, apesar dos constrangimentos administrativos e jurídicos, os limites municipais iniciais serão alargados no futuro. Este boom demográfico está a criar e continuará a criar uma enorme pressão sobre os terrenos agrícolas dos municípios circundantes e, por conseguinte, provocará perturbações sociais, económicas e ambientais na cidade e nos seus arredores.

A migração é um fenómeno notável na comuna. No entanto, ao contrário do que se passa em algumas cidades do país, com migrações internacionais, nacionais e mesmo regionais, Bambey regista uma deslocação da população para as grandes cidades do país, como Dakar. No entanto, é também importante notar o grande número de pessoas que, ano após ano, acorrem à Universidade e a outros estabelecimentos de formação profissional. Estes migrantes constituem uma parte importante da população, o que aumenta a procura de habitação na cidade.

De acordo com FAYE M. (2013), o crescimento demográfico da cidade deve-se tanto ao aumento dos migrantes para a cidade como à fertilidade da população. De facto, a maior parte da população migratória na cidade é atribuída à população rural que deseja tirar partido das vantagens do ambiente urbano. Estas vantagens podem ser resumidas numa educação de qualidade, no acesso a cuidados de saúde de qualidade e em serviços de lazer.

Se o crescimento demográfico é um dos factores essenciais do crescimento urbano da cidade, na medida em que está na origem de uma urbanização física rápida e descontrolada, os equipamentos da cidade, como a universidade, o mercado central e o centro de saúde, que conferem à cidade o domínio do seu território, são igualmente factores importantes do desenvolvimento da cidade. Em função da sua atratividade, a cidade exerce uma grande influência sobre o resto do departamento. Por conseguinte, a atratividade da cidade e a sua área de influência em constante expansão são factores-chave da sua dinâmica urbana.

111.2 Bambey, uma cidade que controla o seu território

Bambey é uma cidade dinâmica em termos de investigação, de formação e de economia, e a sua influência estende-se a todo o país. De facto, a presença de infra-estruturas de formação e de investigação como o Centro Nacional de Investigação Agrária e de equipamentos como o mercado, bem como o seu distrito sanitário, conferem à cidade um nível de influência e de polaridade sobre todas as comunas do departamento. Mas esta influência não se limita ao departamento, pois ultrapassa as fronteiras departamentais, regionais e nacionais. De facto, graças ao Centro Nacional de Investigação Agrícola e à universidade, a cidade polariza todas as outras regiões do Senegal, atraindo cada vez mais estudantes e investigadores. Apesar da sua fraca população, a atração da cidade continua a ser significativa.

À escala do departamento, a cidade de Bambey exerce a sua atração e o seu poder num raio de mais de 35 quilómetros, uma vez que detém o comando político, administrativo e económico de todas as outras comunas do resto do departamento. A relação entre a cidade e as comunas rurais do departamento implica, em primeiro lugar, que o espaço urbano é dinâmico e movido pelos fluxos de pessoas e de mercadorias no âmbito das trocas comerciais, pois é o local de escoamento dos produtos agrícolas do campo e, por efeito de arrastamento, oferece ao campo um certo número de bens de consumo que só podem ser encontrados na cidade. Com efeito, "*o nível e a intensidade das relações urbano-rurais é o barómetro mais importante para avaliar a funcionalidade da cidade em relação ao seu ambiente*" (DIOP A., 2005). Assim, as forças motrizes e os mecanismos de atração das cidades derivam dos poderes de comando e da qualidade dos serviços oferecidos ao meio ambiente (DIOP A., 2005).

As infra-estruturas e os equipamentos da cidade desempenham um papel essencial no seu desenvolvimento espacial e económico. De facto, a universidade e o distrito sanitário da cidade são os pontos de referência para a afluência diária de pessoas. Estes pólos estruturantes, capazes de atrair uma grande população, continuam a ser as principais infra-estruturas da cidade e mesmo do departamento. Têm uma grande capacidade de influência sobre as comunas rurais que, juntamente com a comuna de Bambey, constituem o departamento. A sua polaridade pode, em certa medida, ser vista a nível regional, nacional, sub-regional, ou mesmo continental ou mundial, no caso da universidade e da CNRA.

Entre 2000 e 2010, o Liceu de Bambey era, de certa forma, a única escola secundária do departamento e os alunos provinham de todas as comunidades rurais do departamento. No entanto, desde 2012, com a criação de liceus locais, assistimos a comunas que não tinham liceu antes desse ano passarem a ter mais liceus do que a cidade de Bambey. Um exemplo é a comuna de Ngoye, que tem duas escolas secundárias, bem como a nova escola secundária de Bambey Serere. No entanto, comunas como Thiakhar encontram-se sem escola secundária e os seus alunos são obrigados a deslocar-se entre Thiakhar e outras escolas secundárias do departamento. No entanto, é de notar que o Liceu de Ngoye é atualmente a escola de eleição para estes alunos.

111.2.1 Bambey, uma cidade com um planalto médico polarizador

O mapa sanitário do departamento de Bambey mostra muitas disparidades espaciais na sua distribuição e organização. Capital do departamento com o mesmo nome, a cidade de Bambey beneficia de equipamentos médicos e sociais, embora a norma não seja cumprida, pois está muito abaixo do limiar estabelecido pela OMS. Com uma população de 29 908 habitantes (ANSD, 2013), a cidade de Bambey dispõe de um centro de saúde, um posto de saúde e um dispensário em termos de equipamentos de saúde pública, principais estruturas de acolhimento de doentes (PDU de Bambey).

No entanto, é preciso notar que, apesar da sua insuficiência, estes estabelecimentos de saúde são o orgulho de todo um departamento, porque a cidade, com o seu centro de saúde, possui o mais alto nível de equipamento sanitário de todo o departamento. [21]Todas as outras comunas, mesmo as que têm mais de 40.000 habitantes, como Ngoye, têm um posto de saúde e algumas têm um centro de saúde. Por conseguinte, a maior parte dos pacientes do departamento são encaminhados para o centro de saúde de Bambey pelas enfermeiras-chefes.

Por conseguinte, as instalações médicas da cidade de Bambey não podem assegurar o tratamento de toda a população do departamento, uma vez que a procura de cuidados de saúde é muito elevada. Assim, as unidades sanitárias de Diourbel e Touba devem assumir a responsabilidade, uma vez que são os estabelecimentos de saúde de referência do ponto de vista administrativo e, por conseguinte, os centros de acolhimento ou de ligação privilegiados.

O distrito sanitário de Bambey abrange 25 postos de saúde rurais e 3 postos de saúde urbanos (Leona Nord, Croix Rouge e Saint-Martin). [2]Serve toda a população do departamento, que totaliza 299 477 habitantes (RGPHAE, 2013) e cobre uma superfície de 1 335 km. Esta vasta área não é isenta de consequências para o acesso da população aos cuidados de saúde, uma vez que algumas localidades têm de percorrer distâncias de até 35 km. A isto acresce o facto de a maior parte das estradas que ligam Bambey às outras comunas serem arenosas e de o principal meio de transporte continuar a ser a tração animal, à exceção das ambulâncias que transportam os doentes. Esta acessibilidade geográfica coloca problemas reais e tem o mesmo impacto na saúde das populações que a acessibilidade económica. Esta é uma das razões pelas quais o departamento é tão pobre e os meios de transporte são tão limitados.

Em termos de distribuição espacial da população no departamento, a comuna de Ngoye representa 15,42% da população do distrito sanitário, seguida da comuna de Refane com 11,26% e da comuna de Ndangalma com 10,90%. No entanto, esta distribuição desigual da população nas diferentes comunas não pode ser atribuída à distribuição do material sanitário a nível departamental. Enquanto as normas da OMS exigem um posto de saúde por cada 10.000 habitantes e uma enfermeira por cada 300

[21] Ministere de l'economie et des finances/Agence nationale de la statistique et de la demographie, 2005. *Situação económica e social do Senegal.* As normas da OMS para as infra-estruturas sanitárias são um (1) hospital por 150.000 habitantes, um (1) centro de saúde por 50.000 habitantes e um (1) posto de saúde por 10.000 habitantes.

habitantes e uma parteira por cada 300 mulheres em idade fértil nas zonas rurais, a comuna de Ngoye, com uma população de 46.174 habitantes, tem apenas um posto de saúde e duas cabanas de saúde, nas aldeias de Battal e Gourgourene, respetivamente. A situação é semelhante na comuna de Ngogom. Estas disparidades na distribuição da população
por posto de saúde mostram que existem serviços muito importantes disponíveis e fazem-nos refletir sobre a qualidade dos cuidados de saúde recebidos pelas populações necessitadas.
A comuna de Bambey, com uma população mais pequena em relação às comunas rurais de Ngoye, Refane, Ngogom e Ndangalma, ou seja, 9,98% da população total do distrito, dispõe de mais estruturas sanitárias. A população está dividida entre o centro de saúde e os três postos de saúde urbanos da cidade. Assim, apesar de ter uma população mais reduzida do que as outras comunas, destaca-se por ter mais equipamentos e estruturas para o tratamento dos doentes. Este facto é compreensível, uma vez que é a capital do departamento e, por conseguinte, a única cidade em todo o seu território.
As restantes comunas, com uma fraca taxa de representação inferior a 10%, caracterizam-se por uma fraca presença de estruturas sanitárias e uma fraca população em comparação com as comunas de Ngoye, Ndangalma, Refane e Bambey. No entanto, é de notar que a acessibilidade física das estruturas sanitárias, devido à disposição das habitações (povoamento disperso nas zonas rurais), coloca dificuldades reais em comunas como Ngoye, onde as pessoas têm de se deslocar mais de 5 quilómetros para procurar cuidados. Por conseguinte, a oferta e o acesso aos cuidados de saúde tornam-se problemáticos e a acessibilidade física e económica das estruturas sanitárias são os verdadeiros problemas de saúde.

Figura 5: Repartição da população do distrito sanitário por comuna

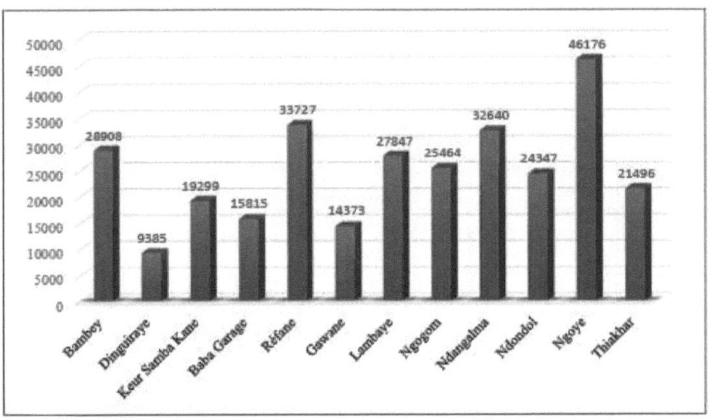

Fonte: ANSD, RGPHAE, 2013

A área polarizada pelo centro de saúde de Bambey tem um raio de até 35 km. Isto mostra que, apesar da distância, as pessoas continuam a visitar o centro de saúde. No entanto, não faltam pessoas que, do ponto de vista administrativo, pertencem ao distrito sanitário de Bambey, e o centro de saúde é o seu primeiro ponto de contacto. Mas com a distância (acessibilidade física ou geográfica), as estruturas sanitárias de Khombole, Tivaouane e Thies tornam-se os seus locais de frequência. Em termos de qualidade da oferta de cuidados de saúde, os distritos sanitários de Touba e Diourbel atraem também cada vez mais a população do distrito de Bambey.
O mapa seguinte mostra a zona polarizada pelo centro de saúde de Bambey, que se estende num raio de 35 km. As populações das comunas de Keur Samba Kane e Dinguiraye são mais afectadas pelos rácios distância-custo do ponto de vista físico e geográfico.

Mapa 7: Zona polarizada do distrito sanitário de Bambey

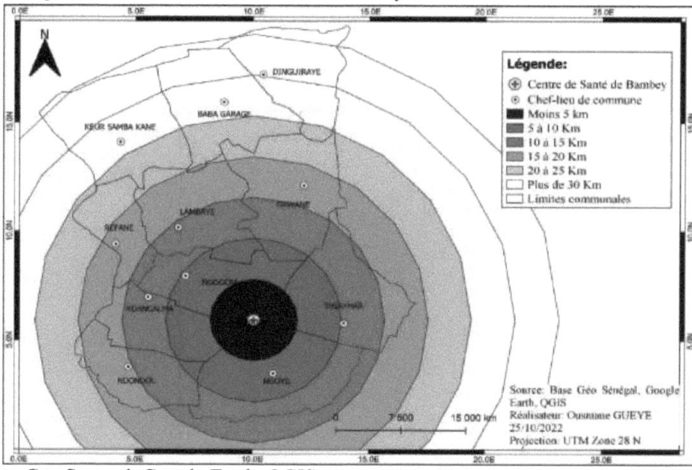

Fonte: Base Geo Senegal, Google Earth, QGIS

O centro de saúde da cidade de Bambey é a unidade de saúde de nível mais elevado que a população das 12 comunas do departamento pode esperar para encontrar cuidados de saúde de qualidade em caso de emergência extrema ou de doença grave.

Com uma população de 299 477 habitantes (RGPHAE-2013), o departamento de Bambey enfrenta uma verdadeira dor de cabeça no que diz respeito à prestação e à utilização dos cuidados de saúde. Os centros de saúde, como o de Ngoye, com 46 176 habitantes, não têm capacidade para atender todas estas pessoas numa única unidade de saúde, com um único técnico, apesar de algumas comunas terem criado cabanas de saúde para prestar este serviço. Mas é preciso dizer que a maior parte dos centros de saúde se encontram num estado de degradação muito avançado, enquanto outros ainda não foram concluídos.

Consequentemente, o centro de saúde, o posto de saúde e o dispensário da Cruz Vermelha na cidade de Bambey estão a ser confrontados com um grande afluxo de pessoas provenientes do departamento, especialmente das zonas rurais.

Tal como o centro de saúde de Bambey, o mercado da cidade também contribui para a atratividade da cidade, acentuando as relações entre a cidade e o campo, especialmente no período pós-inverno.

111.2.2 O mercado central de Bambey

O desenvolvimento das actividades comerciais é um facto que sempre acompanhou a urbanização das regiões. As maiores cidades do mundo albergam atualmente grandes mercados. Nas cidades secundárias, como é o caso de Bambey, o mercado concentra uma variedade de produtos e desempenha um papel muito importante de influência no território, acentuando as relações entre a cidade e o resto do departamento. A dinâmica dos fluxos de pessoas e de mercadorias entre a cidade de Bambey e as outras comunas do departamento é prova suficiente da atratividade da cidade e da sua influência no resto do departamento. A dinâmica atual do mercado central da cidade revela a importância das trocas comerciais, que alimentam igualmente a relação cidade-campo entre a cidade de Bambey e as antigas comunidades rurais. Segundo FAYE S. (2018), o campo circundante é o celeiro de Bambey.

Tal como os outros equipamentos da cidade, o mercado de Bambey é um dos elementos-chave do desenvolvimento urbano de Bambey, mesmo que as consequências ambientais sejam atualmente um problema real.

Atualmente, mais de 50% dos produtos vendidos no mercado de Bambey provêm do exterior do

departamento e a maior parte dos comerciantes não são naturais de Bambey. O mercado desempenha, portanto, um papel essencial na dinâmica económica da cidade e podemos concluir que é o elemento essencial da dinâmica económica da cidade.
Graças ao seu mercado, a área de influência da cidade estende-se muito para além do departamento. Estende-se a mais de 50 km da cidade de Bambey.

Mapa 8: Zona polar do mercado central de Bambey

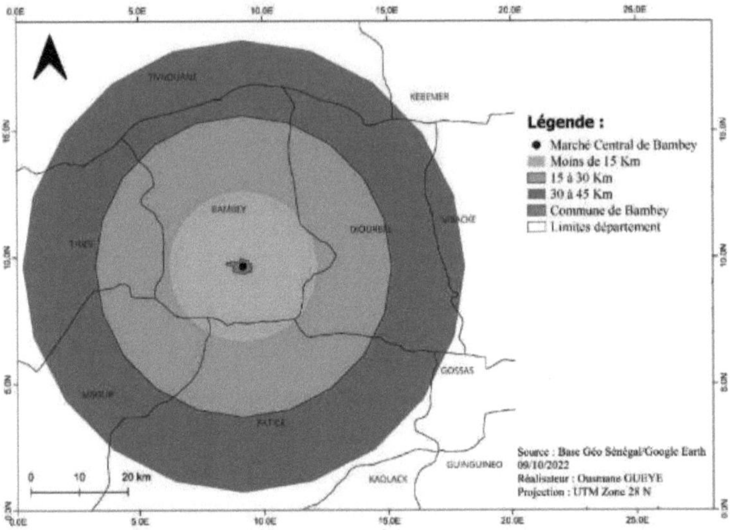

Fonte: Base Geo Senegal/ Google Earth

111.3 A Universidade de Bambey, um verdadeiro fator da dinâmica urbana atual

A criação do CUR em 2007 na cidade de Bambey, por sua vez, incentivou o desenvolvimento de edifícios a oeste da cidade, em direção à aldeia de Bambey Serere. A universidade está situada num terreno nacional pertencente à antiga comunidade rural de Ndangalma, atualmente a comuna de Ndangalma. A criação da universidade em 2010 e a chegada, ano após ano, de titulares de diplomas de bacharelato de todo o país conferiram à cidade de Bambey uma dimensão nacional.
O desenvolvimento de edifícios, especialmente de construções modernas nesta parte da cidade, levou à especulação sobre os terrenos nesta zona. Os camponeses, proprietários de terras ao abrigo do direito consuetudinário e do sistema de herança, viram as suas terras aráveis diminuir a favor da zona urbanizada. Consequentemente, têm tendência a dividir os seus campos e a vendê-los a proprietários privados para habitação, com receio de que o Estado ou a coletividade local os ocupem para uso público.
Esta reconversão socioeconómica desta zona da cidade, cuja economia se baseava outrora na agricultura e na pecuária, tornou-se uma realidade com o aparecimento de novas actividades económicas, como o desenvolvimento de pequenas empresas em torno da Universidade. Atualmente, existe uma grande procura de habitação em toda a cidade, o que explica o crescimento da área construída. Este facto permitiu à cidade cumprir a sua função de alojamento da população, de acordo com a carta ateniense, segundo a qual uma cidade deve cumprir quatro funções: comer, dormir, deslocar-se, alojar-se e trabalhar.
O impacto da universidade no desenvolvimento urbano da cidade foi notável. De acordo com o chefe do departamento técnico da Câmara Municipal de Bambey: "*Graças à criação da universidade em 2010, Bambey tornou-se uma cidade de ensino e investigação. Com a criação da universidade,*

assistiu-se também a um boom imobiliário, à construção de edifícios modernos e à ocupação de uma grande área de terrenos, terras agrícolas pertencentes aos agricultores das aldeias vizinhas, que durante muito tempo ficaram vazias durante a estação seca".

A corrida dos particulares para esta zona da cidade teve um impacto sobre o preço das terras, mas também sobre o conjunto das terras da cidade. Hoje, vemos pessoas saídas das comunas de Ngoye, Thiakhar e Ndangalma, antigos proprietários de campos, virem vender terras que, segundo o direito consuetudinário, lhes pertencem porque sempre as cultivaram e exploraram. Mas com o decreto de alargamento dos limites territoriais da cidade de Bambey, estas terras fazem agora parte da base fundiária da cidade de Bambey. Esta situação deu origem a litígios por vezes complicados, que levaram mesmo a manifestações da população local, por vezes contra projectos de loteamento previstos pela cidade de Bambey. O custo elevado das rendas e o preço elevado do metro quadrado fazem com que os litígios fundiários sejam muito frequentes nesta zona, colocando por vezes o município de Bambey contra os agricultores das comunas vizinhas. De facto, "*a especulação fundiária nesta zona da cidade deu origem a sentimentos radicais por parte dos agricultores, antigos proprietários destas terras.* [2]*O aumento do custo e do valor das rendas, bem como a subida em flecha do preço dos terrenos, levaram a que toda esta zona da cidade fosse dividida em lotes para habitação, 70% dos quais já ocupados e os restantes em construção. Assim, a cidade devorou toda a sua base fundiária e o fenómeno da rurbanização tornou-se um facto real nesta parte da cidade, pois assistimos a uma dupla coabitação nesta zona com os novos habitantes desta parte e os habitantes da aldeia de Bambey serere".*

[22]A ruína do sector agrícola na zona e o desenvolvimento do sector imobiliário com a sua ocupação do espaço fazem com que a produção de águas usadas e de resíduos coloque um verdadeiro problema de saneamento na cidade de Bambey. A presença de lixeiras não controladas levanta problemas sanitários que a Câmara Municipal deve resolver. O comportamento das populações locais, que despejam as águas residuais nas ruas ou deitam o lixo doméstico na rua, está a tornar-se uma dor de cabeça para o município, que se vê confrontado com a falta de meios financeiros para criar um sistema de recolha do lixo doméstico. No entanto, a intervenção da UCG no município trouxe algum alívio à população local.

A urbanização física de Bambey não coincidiu com a urbanização sociológica da população. Esta última, que continua a adotar um estilo de vida rural, tem uma forte presença na cidade e gere pequenas explorações agrícolas nos arredores da cidade.

O gráfico seguinte mostra os diferentes factores da dinâmica urbana da cidade de Bambey, de acordo com os dados recolhidos junto dos agregados familiares inquiridos.

Figura 6: Opiniões do inquérito sobre os factores que afectam a dinâmica urbana da cidade

[22] Plano de desenvolvimento urbano de referência da cidade de Bambey

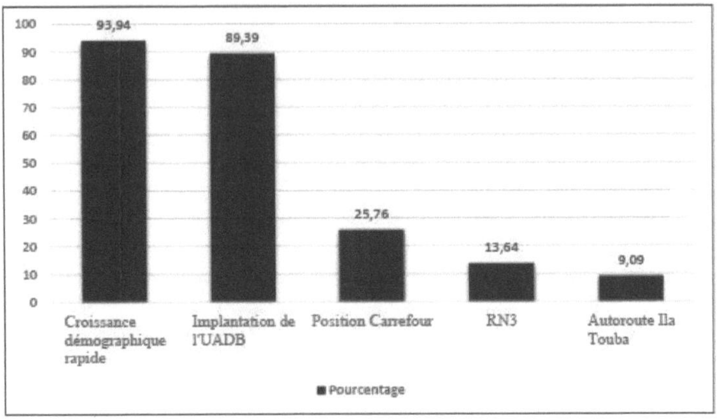

Fonte: Dados do inquérito, Guèye, outubro de 2022

Este gráfico destaca os diferentes factores da dinâmica urbana da cidade de acordo com os inquéritos. De facto, o crescimento demográfico e a criação da Universidade Alioune Diop são os principais factores de desenvolvimento espacial da cidade. De acordo com as respostas obtidas junto dos chefes de família, 93,94% dos inquiridos afirmam que o crescimento demográfico está na origem da dinâmica espacial de Bambey. Na mesma ordem de ideias, 89,39% das respostas aos inquéritos atribuem a causa da expansão da cidade à criação da universidade. Para além destes dois factores, os resultados do nosso inquérito mostram também que a localização da cidade no cruzamento de estradas, a sua posição ao longo da RN3 e a recente autoestrada Ila Touba contribuíram para a atratividade da cidade e, consequentemente, para o seu dinamismo urbano.

Figura 7: Opiniões do inquérito sobre o impacto da universidade na cidade

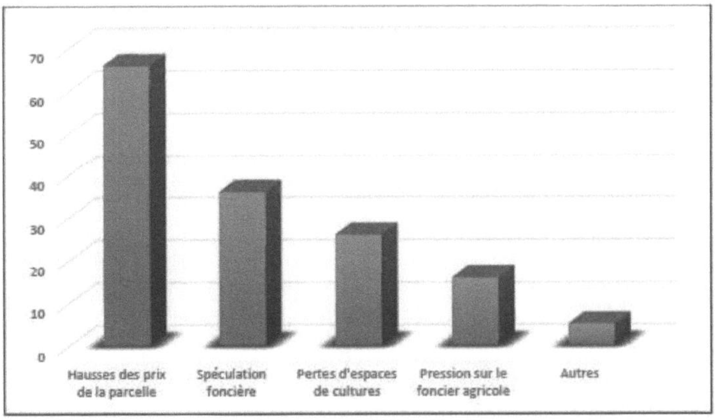

Fonte: Dados do inquérito, Guèye, outubro de 2022

Na dinâmica urbana atual da cidade de Bambey, a universidade é o núcleo central em torno do qual giram vários factos. A implantação da universidade na cidade deu origem a um novo centro urbano à entrada do campus 2, com o desenvolvimento de actividades comerciais que criam um novo mercado que funciona diariamente.

De acordo com os resultados do nosso inquérito, o impacto da universidade no desenvolvimento económico da cidade é inegável. Mas temos de admitir que o impacto sobre o território é muito mais notável. As principais consequências são as dificuldades de acesso à terra, acentuadas pelo aumento do preço dos lotes, a especulação fundiária, a perda de áreas de cultivo, a pressão sobre as terras agrícolas, entre outras.

No entanto, parece muito mais importante analisar os vários problemas associados ao crescimento urbano na secção que se segue, porque, embora as cidades tenham surgido como motores do desenvolvimento socioeconómico, também abrigam uma série de questões e, acima de tudo, desafios: transportes, gestão de recursos, ambiente e saúde pública (DIOP D. e TIMERA A. S., 2018).

Em resumo, a dinâmica urbana da cidade de Bambey pode ser dividida em três fases ou períodos. Depois de ter conhecido uma urbanização linear em torno das principais vias de comunicação durante a época colonial, até aos anos 2000, devido ao seu papel de cidade de escala muito dinâmica na economia comercial com a comercialização do amendoim, Bambey viu o seu processo de urbanização acelerar depois de 2004. No entanto, mesmo que esta urbanização tenha sido rápida, foi controlada, pois todas as extensões foram efectuadas dentro dos limites iniciais da cidade e obedeceram a regras de urbanismo bem definidas. No entanto, desde a criação da Universidade Alioune Diop em Bambey, em 2004, a cidade tornou-se muito mais atractiva e passou a ser o local preferido da população rural circundante. Esta situação acentuou a ocupação do resto do perímetro municipal da cidade, levando ao seu esgotamento e mergulhando a cidade numa nova dinâmica com extensões em todas as direcções. Os principais factores subjacentes a esta urbanização da cidade são de ordem social, política e, sobretudo, económica. O desenvolvimento de equipamentos na cidade atrai pessoas que, uma vez na cidade, se encontram em situações em que a procura de alojamento é por vezes muito complicada. Por conseguinte, a cidade de hoje, apesar do seu desenvolvimento excecional, depara-se com muitos problemas devido à sua rápida urbanização. Estamos, portanto, a falar dos desafios de uma urbanização controlada, apesar das muitas questões relacionadas com o território.

II PARTE

QUESTÕES E CONFLITOS FUNDIÁRIOS PERIURBANOS

Bambey é uma cidade em pleno crescimento, apesar dos numerosos problemas que as autoridades são chamadas a enfrentar para a tornar uma cidade sustentável e cumprir plenamente os objectivos de desenvolvimento sustentável (ODD 11 Cidades e Comunidades Sustentáveis). É por isso que esta secção analisa, em primeiro lugar, os diferentes desafios que as autoridades locais devem enfrentar para dar uma resposta concreta a estes problemas urbanos, que já têm um impacto importante no desenvolvimento da cidade e na saúde da população. Em segundo lugar, analisámos os problemas fundiários decorrentes da dinâmica espacial da cidade.

Capítulo I: Bambey, uma cidade em rápido crescimento que enfrenta novos desafios

Este capítulo analisa os problemas que a cidade enfrenta, sendo o principal fator a urbanização desenfreada e não planeada. Entre eles, o desenvolvimento de bairros precários e de ocupações, os problemas de insalubridade, de saneamento e, sobretudo, a mobilidade das populações da cidade.

I.1A falha do sistema de esgotos

Como na maior parte das cidades, o problema do saneamento dos líquidos e das águas pluviais parece insolúvel. [23]O desenvolvimento urbano, os recursos municipais limitados, os baixos rendimentos da população e os problemas de gestão são obstáculos reais e muito graves.

Tal como algumas cidades do Senegal, caracterizadas pela falta de planeamento e de organização do território, a cidade de Bambey, apesar da sua pequena dimensão, pode parecer uma cidade fácil de governar, mas a realidade no terreno é bem diferente. De facto, os problemas de desenvolvimento urbano da cidade resumem-se à ausência de uma rede de esgotos, a uma gestão problemática dos resíduos domésticos que provoca a estagnação das águas residuais mesmo durante a estação seca e à presença de lixeiras não controladas em todos os bairros da cidade. No entanto, a cidade dispõe de duas instalações de drenagem e de armazenamento das águas pluviais (TINE M. L., 2015).

A infraestrutura de drenagem de águas pluviais e de escoamento superficial é constituída por uma rede de drenagem com 5.170 metros de comprimento. Esta rede é constituída por duas condutas, uma aberta e outra fechada (TINE, M. L., 2015). No entanto, para além destas infra-estruturas, existe um canal fechado recente, com 44 000 metros de comprimento, que atravessa a cidade no sentido norte-sul e termina a sudeste do bairro DVF, onde se situa o seu escoadouro.

Imagem 1: Canal aberto

Cliche : Gueye O., *outubro de 2022*

Este canal foi escavado no distrito de Leona Nord ao longo de toda a extensão da estrada, a fim de

[23] El Jihad M. D., 16 de março de 2005. *Croissance urbaine etproblemes d'assainissement liquide etpluvial dans le bassin du Srou (Maroc central),* in Secheresse, n°1, vol. 16, 22 p.

libertar a zona das águas pluviais. No entanto, existe um canal aberto que atravessa a mesma zona. A construção deste canal aberto é prova suficiente do estado crítico do sistema de drenagem da cidade. É um sistema de drenagem de águas pluviais, mas ao mesmo tempo é um perigo público, porque fica a poucos metros do depósito de lixo da cidade. Isto levanta problemas reais de saúde, como o desenvolvimento de mosquitos e a propagação de doenças como a malária, a diarreia e a bilharziose.

Imagem 2: Canal com céu fechado

Cliche : Gueye O., *outubro de 2022*

A inexistência de uma rede de esgotos e a instalação de um sistema de drenagem de águas pluviais no centro da cidade, atravessando os bairros Leona Sud e Nord e DVF a leste, mostram as limitações do sistema de esgotos da cidade. Apesar destas infra-estruturas destinadas a aliviar a cidade das inundações, a situação atual é ainda mais dramática. De acordo com os resultados do nosso inquérito, a maioria dos agregados familiares é afetada por inundações, com a água da chuva a estagnar nas ruas da cidade e mesmo a invadir algumas das casas nos bairros Leona Nord e DVF. Isto deve-se à ausência de canais secundários para escoar a água estagnada no coração dos bairros em direção ao canal principal. De acordo com os resultados do nosso inquérito, 80,3% dos agregados familiares inquiridos são afectados pelas inundações. Para fazer face a esta situação, as pessoas de certos bairros, como Leona Nord, escavaram um canal aberto ao longo da estrada que conduz a Baba Garage para manter a água da chuva fora da zona. As fossas sépticas que se derramam nos becos, especialmente durante os meses de inverno, são um prenúncio de riscos excessivos para a saúde, especialmente porque as crianças estão constantemente a jogar futebol junto a essas fossas.

O estado de insalubridade das ruas da cidade e a invasão dos canais por resíduos sólidos favorecem as inundações por saturação da água. A natureza do solo, com a sua elevada taxa de retenção de água, é um dos factores que favorece as inundações. Os mosquitos estão presentes durante todo o ano. A acumulação de lixo e a proliferação de lixeiras ilegais são indicadores do problema da gestão dos resíduos na cidade. Embora exista um sistema de recolha de lixo doméstico implementado pelo município com carroças de burro, este sistema é ainda insuficiente, aos olhos da população, para livrar a cidade do seu lixo. Uma pessoa (GAYE S.) disse: "*Estas carroças não podem fazer nada para recolher o lixo. A cidade está demasiado povoada. Nada, nenhum esforço da Câmara Municipal. O que é deplorável, porque em alguns becos há um cheiro nauseabundo. Este ano, os mosquitos*

invadiram as nossas casas durante o inverno. Viver nesta cidade, sobretudo na época das chuvas, é um desastre com grandes riscos para a saúde" (dados do inquérito, Gueye, outubro de 2022).
A ausência de uma rede de esgotos completa em toda a cidade não é isenta de consequências para o ambiente e a saúde da população (TINE M. L., 2015). As sarjetas entupidas são uma realidade na cidade, nomeadamente no bairro Leona Nord, devido às condições de insalubridade e à falta de um sistema eficaz de recolha dos resíduos domésticos. Tudo isto favorece as inundações. Aqui estão algumas imagens tiradas no âmbito das nossas investigações, que mostram os problemas de saneamento na cidade e as consequências para a saúde das pessoas.
Estas imagens mostram a presença de lixeiras não controladas nos bairros e de águas pluviais estagnadas nas ruas. Estão reunidas todas as condições para o aparecimento de certas doenças na cidade.

Imagem 3*:* Depósito de lixo atrás da estação de autocarros

Imagem 4: Lixo na rua no bairro DVF
Imagem 5: Inundação atrás da estação de autocarros
Imagem 6: Canal ao ar livre no bairro de Léona Nord

Imagem 7: Recolha de lixo no bairro DVF
Imagem 8: Água da chuva estagnada no bairro DVF

Crédito da fotografia: Guèye O., *outubro de 2022*

Apesar desta situação lamentável, os problemas de inundação parecem ter diminuído nos últimos anos. De acordo com o chefe dos serviços técnicos da Câmara Municipal, "*as inundações continuam a ser frequentes na cidade, mas não como em 2005 e 2010. Isto porque a cidade de Bambey beneficiou, em*

2012, de um sistema de esgotos do Estado do Senegal, no âmbito do programa decenal de controlo das inundações, no valor de 1.937.000.000 francos CFA. Assim, a cidade passou a respirar melhor. No entanto, durante os períodos de chuva intensa, como em agosto deste ano (2020), há zonas inundadas em todos os bairros. Isto deve-se às características geomorfológicas do local" (Dados do inquérito, Gueye, outubro de 2022).

A presença de um grande número de lixeiras descontroladas na cidade, em quase todos os bairros, e a falta de uma rede de esgotos fazem com que as pessoas tendam a despejar as águas residuais nas ruas, o que cria problemas de saúde pública com o desenvolvimento de criadouros de doenças como a malária e a bilharziose.

Apesar desta situação global preocupante, há ainda razões para relativizar a situação. Nem todos os bairros são afectados da mesma forma pelo problema do saneamento. De facto, a situação do saneamento na cidade esconde disparidades entre bairros. Os bairros Leona Nord e DVF são os mais afectados pelas inundações, ao contrário dos bairros Leona Sud e Wakhaldiam, que formam o centro da cidade e são menos afectados pelas inundações porque não existem bairros de lata e a rede de drenagem das águas pluviais atravessa-os em todas as direcções.

Figura 8: Proporção de agregados familiares afectados por inundações de acordo com os inquéritos

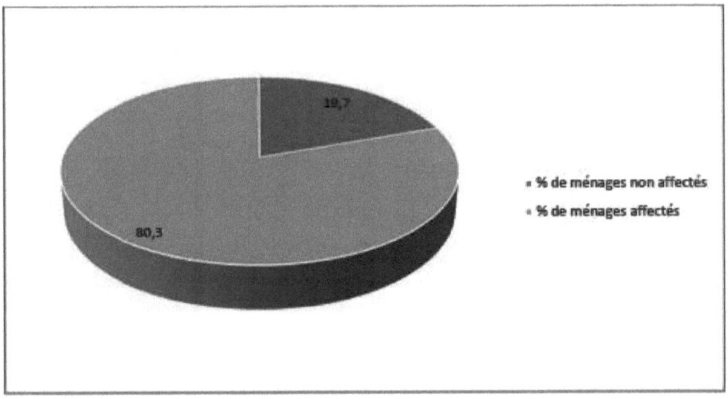

Fonte: Dados do inquérito, Gueye, outubro de 2022

A gestão dos resíduos na cidade é um verdadeiro problema. A cidade não dispõe de aterro sanitário e o sistema de recolha de resíduos existente continua a ser muito insatisfatório. Basta percorrer a cidade para ver o lixo depositado em todos os bairros.

O quadro seguinte mostra os agregados familiares afectados pela gestão dos resíduos domésticos nos diferentes bairros.

Quadro 6 Proporção de agregados familiares não afectados pelo problema da gestão de resíduos, por bairro

Bairros	Proporção
DVF	32
Leona South	10
Leona Nord	43,75
Wakhaldiam	73,33

Fonte: Dados do inquérito, Gueye, outubro de 2022

Quadro 7 Proporção de agregados familiares afectados por problemas de gestão de resíduos, por bairro

Bairros	Proporção
DVF	68

Leona Nord	90
Leona South	56,25
Wakhaldiam	26,67

Fonte: Dados do inquérito, Gueye, outubro de 2022

Estes dois quadros mostram que a proporção de agregados familiares que enfrentam problemas de gestão de resíduos domésticos difere de um distrito para outro. O distrito de Leona Nord é o mais afetado por este problema. De facto, 90% das famílias inquiridas tiveram de lidar com a gestão dos resíduos domésticos. A seguir a Leona Nord, é o bairro DVF que está em primeiro lugar. De facto, 68% dos agregados familiares inquiridos neste bairro tiveram de lidar com a gestão de resíduos. O bairro de Wakhaldiam, pelo contrário, foi menos afetado, com apenas 26,67%. Em Leona Sud, a percentagem foi de 56,25%.

Para além dos problemas de saneamento da cidade, o sector dos transportes é também disfuncional, com predominância de motociclos e de veículos puxados por cavalos.

I.2 Transportes, um sector dominado por veículos de duas rodas e veículos puxados por cavalos

[24]Nas cidades africanas, a grande maioria das quais está a passar por mudanças rápidas que afectam as esferas económica, política, social, cultural, ambiental e sanitária, a urbanização coloca um desafio particular: a questão da mobilidade (NDIAYE E.M., 2013). Os fluxos populacionais nas cidades secundárias do país colocam um verdadeiro problema. A exemplo da cidade de Bambey, a falta de transportes faz com que as pessoas se desloquem pela cidade a pé ou de mota. A ausência de serviços de autocarros na cidade e de táxis para a deslocação das pessoas e dos seus bens na cidade constitui um verdadeiro estrangulamento em termos de mobilidade.

Na cidade de Bambey, a deslocação a pé é o meio de transporte de 33% dos agregados familiares inquiridos. No entanto, 32% utilizam motas para se deslocarem e 24% utilizam carroças. O automóvel é utilizado por 11%, sendo o meio de transporte menos utilizado. Este facto explica-se pela ausência de serviço de autocarros e pelo número muito reduzido de táxis, ou mesmo inexistente, uma vez que a maior parte dos automóveis da cidade asseguram o transporte interurbano entre Bambey e a capital do Senegal, por exemplo. Em termos de mobilidade e de transportes, Bambey não é mais do que uma zona de trânsito, uma espécie de cidade de passagem entre Touba, Diourbel e a capital do país. Aqui, no contexto do nosso estudo, a mobilidade em causa é aquela que se centra na deslocação das pessoas dentro do perímetro urbano da cidade de Bambey. Assim, excluem-se os movimentos inter-urbanos ou os fluxos de pessoas entre a cidade e o meio rural, bem como os fluxos de pessoas entre Bambey e o resto do país. Consequentemente, os meios de transporte para longas distâncias fora de Bambey não são tidos em conta; apenas são considerados os fluxos dentro da cidade.

Imagem 9: Garagem para moto-táxis

Cliche : Gueye O., *outubro de 2022*

Atualmente, o desenvolvimento da cidade, com as suas extensões por todos os lados, com pontos-

[24] Sarr I. (2006), citado por Ndiaye E.M., 2013

chave como a universidade a oeste e o centro de estudos islâmicos a leste, bem como a concentração de instalações de serviços no centro da cidade, exige a criação de um sistema de transportes públicos eficiente.

As necessidades de mobilidade continuarão a crescer e a população continuará a aumentar. Para colmatar esta lacuna, a nova dinâmica em que se devem basear as políticas urbanas nos próximos anos, os transportes devem desempenhar um papel fundamental. As infra-estruturas de transportes e a mobilidade desempenham um papel importante na definição da cidade do futuro. [25]*"Devem acompanhar a emergência de novas tecnologias, a diversificação dos modos de transporte e a revolução das práticas de transporte"*.

O gráfico seguinte mostra a proporção de meios de transporte utilizados pela população da cidade, de acordo com os inquéritos.

Figura 9 Meios de transporte utilizados pela população de acordo com os inquéritos efectuados

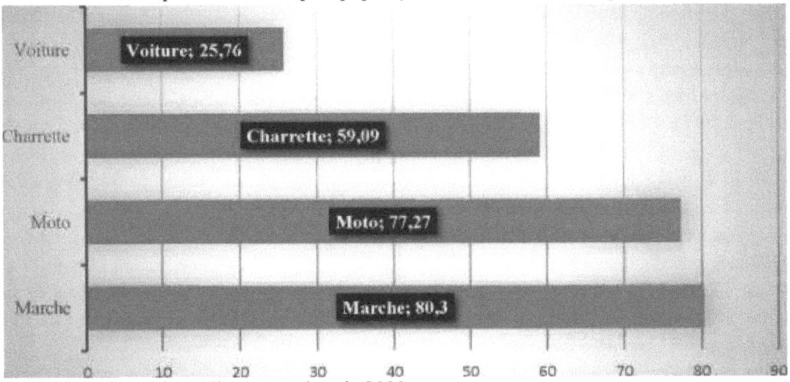

Fonte: Dados do inquérito, Giieven outubro de 2022

I.3 Desenvolvimento de habitações precárias na periferia da cidade

A falta de acesso a terrenos decentes, seguros e a preços acessíveis é a principal razão pela qual existem tantos assentamentos informais nas cidades africanas, sendo também um fator que contribui para a pobreza urbana (UN-Habitat, 2011). A questão da irregularidade na cidade é um tema recorrente no planeamento urbano, para o qual as regras e as normas são os principais instrumentos. [26]Estas regras são impostas à população pelo planeamento urbano regulamentar ou diretamente aplicadas em projectos operacionais de planeamento urbano. Como afirmam Le Bris et al (1983), não basta ter leis teoricamente perfeitas; o governo deve também ser capaz de as aplicar no terreno. No entanto, a gestão dos solos urbanos e periurbanos é dificultada por uma série de factores. Segundo LE BRIS E. et al (1983), "é *necessário (...) distinguir, por um lado, os comportamentos de utilização e, por outro, os comportamentos de criação. É este último que constitui habitualmente o foco de análise do fenómeno: os bairros de lata e a urbanização espontânea são o centro das atenções. A cidade oficial é contrastada com uma espécie de "cidade bifurcada" criada pela população para responder a necessidades habitacionais não satisfeitas.*

O mundo atual está a tornar-se urbano, e os países africanos, como as cidades senegalesas, estão sujeitos à realidade de uma urbanização maciça. Este fenómeno conduz a um crescimento anárquico das cidades e à multiplicação das suas extensões urbanas, geralmente qualificadas de informais MICHEL M.R., DIOP D. et al (2013).

Um dos fenómenos urbanos da periferia de Bambey é a proliferação de bairros irregulares. O afluxo

---

[25] Brueder P. et al, 2022. *Quelle mobilite pour la ville de demain? Un regard croise des experts et de la litterature scientifique,* em aberto ëйюп, volume 22, n°1

[26] Clerc-Huybrechts Valerie, 2002. *Les principes d'action de l'urbanisme, Le projet Elyssar face aux quartiers irreguliers de Beyrouth*, tese de doutoramento em urbanismo, Universite Paris 8.

maciço de habitantes rurais à cidade tem um impacto enorme no desenvolvimento harmonioso da cidade e na sua organização espacial. O desenvolvimento de bairros irregulares ou espontâneos a sul da cidade em direção à comuna de Ngoye, mas também a leste em direção à comuna de Thiakhar e a norte da cidade, compromete o controlo do seu desenvolvimento espacial. Com efeito, a fixação destas populações sem planeamento prévio e sem ordenamento do território dá origem a uma situação que favorece a insalubridade, as inundações e muitos outros fenómenos deste tipo.

Imagem 10: Habitação precária no sul do distrito DVF

Cliche : Gueye O., *outubro de 2022*

Esta imagem ilustra perfeitamente a existência de habitações precárias na periferia da cidade. Trata-se de um grupo de casas situadas a sul do bairro DVF, a caminho da aldeia de Battal, na comuna de Ngoye.

Atualmente, com a expansão da cidade para a periferia, assiste-se ao desenvolvimento de bairros precários que, para além de serem carateristicamente pobres, são um sinal de urbanização descontrolada com o seu enorme impacto no solo e no ambiente. Por conseguinte, surgiram várias questões relacionadas com os terrenos na periferia da cidade.

Capítulo II: Questões fundiárias decorrentes do crescimento urbano excessivo em Bambey

Como em todo o mundo, falar de questões fundiárias na sequência do avanço da cidade ou da sua expansão espacial dá origem a efeitos ou impactos sem precedentes, pelo que se fala frequentemente de questões. Estas problemáticas fundiárias, que tomam forma e se concretizam com o desenvolvimento urbano, são múltiplas e começam, neste caso, com o que se designa por segurança fundiária. De facto, com a expansão da cidade de Bambey e as ameaças que ela representa para as terras agrícolas das comunas vizinhas, face ao decreto de alargamento dos limites territoriais da comuna de Bambey, muito contestado por estas colectividades territoriais, as antigas comunidades rurais, cada município faz tudo o que está ao seu alcance para proteger e assegurar a sua base fundiária. Assim, podemos constatar que o fenómeno urbano do crescimento espacial das cidades dá origem a múltiplas questões fundiárias. Este facto coloca enormes dificuldades aos decisores e aos actores do desenvolvimento em termos de acesso à habitação e aos serviços sociais de base. A dinâmica espacial da cidade de Bambey reflecte-se na inclusão de zonas periurbanas, locais de transição entre a cidade e o campo (MBAYE I. et al. 2018).

Mas, para além desta vontade de segurança fundiária, há outra coisa à espreita, tanto mais que a lei sobre o domínio nacional já se pronunciou sobre as modalidades de gestão do território, mesmo se a sua aplicação coloca problemas em muitos casos. Isto sugere que a segurança ou a proteção do território face ao desenvolvimento urbano levanta questões políticas, económicas, socioculturais e ambientais. Mas antes de analisar as questões fundiárias suscitadas pelas dinâmicas urbanas, tentámos analisar a evolução da governança fundiária no Senegal, as condições de acesso à terra e o processo de atribuição de terras.

II.1 Governação fundiária no Senegal

Caracterizado pela coexistência do direito colonial e do direito consuetudinário (CLAVEL M. 2018), o regime fundiário senegalês é, desde há muito, fonte de grande incompreensão, uma vez que a influência do direito moderno se limita, em grande medida, às grandes cidades.

Em 1964, a Lei do Domínio Nacional aboliu os direitos consuetudinários para garantir a posse da terra. No entanto, é evidente que, apesar da existência de tal lei, é complicado convencer um camponês que herda uma parcela de terra dos seus antepassados de que esta não lhe pertence, mas sim ao Estado. No entanto, o artigo 1.º da Lei do Domínio Nacional de 17 de junho de 1964 estipula que: "*Constituem domínio nacional de pleno direito todos os terrenos não classificados como domínio público, não registados e cuja propriedade não tenha sido transcrita na Conservatória do Registo Predial à data da entrada em vigor da presente lei. Também não fazem parte do domínio nacional, de pleno direito, os terrenos que, nessa mesma data, sejam objeto de um processo de registo em nome de uma pessoa que não o Estado*".

A lei de 1964 sobre o domínio nacional não impossibilita o acesso à terra. Com efeito, de acordo com o decreto n° 72-1288 de 27 de outubro de 1972, relativo às condições de atribuição e de desafetação das terras do domínio nacional incluídas nas comunidades rurais, alterado pelo decreto n° 80-445 de 10 de abril de 1986, o artigo 2° estipula: "A *atribuição das terras para cultivo e desbravamento é feita por decisão do conselho rural*". No entanto, esta deliberação não é executória enquanto não for aprovada pelo prefeito do departamento (artigo 24.º da lei n.º 72-25 de 19 de março de 1972 sobre as comunidades rurais). Ao confiar às colectividades locais ou territoriais a gestão, a organização e a planificação do seu desenvolvimento, o Estado prometeu-lhes autonomia e independência (FAYE J., 2008 citado por CLAVEL M., 2018). O conjunto das suas leis e decretos relativos à gestão do território no país, que tendem cada vez mais a responsabilizar as colectividades locais pela gestão do território, marca o início de uma gestão descentralizada do território. No âmbito da sua política de descentralização, o Estado aproveita estas oportunidades para transferir para as comunas os terrenos necessários à expansão e para proceder diretamente aos empreendimentos destinados à habitação urbana (FAYE J., 2010).

Esta descentralização da gestão fundiária reflecte-se na transferência de competências em matéria fundiária no âmbito da Lei II da descentralização. Nove domínios de competência foram transferidos para as colectividades locais, incluindo o fundiário. As colectividades locais devem elaborar planos de desenvolvimento urbano, bem como planificar o seu desenvolvimento no tempo e no espaço. Têm, portanto, o seu destino nas suas próprias mãos, a fim de promover um desenvolvimento local harmonioso, mesmo que outros vejam nisso um desinteresse por parte do Estado. Este facto não pode ser negado, dada a urgência do contexto do desenvolvimento local.

Em 2013, o Ato III de descentralização alterou radicalmente a organização política e administrativa do país, sem no entanto pôr em causa a divisão administrativa das colectividades locais, que era frequentemente fonte de conflitos e disfunções (CLAVEL M., 2018). Hoje, face aos obstáculos à implementação da intermunicipalidade entre várias comunas, assistimos a conflitos ou litígios ligados à indefinição das fronteiras administrativas das colectividades locais. É o caso entre a comuna de Bambey e as comunas rurais circundantes, porque o desenvolvimento espacial da comuna de Bambey significa que a cidade precisa agora de mais espaço para conter a sua população. Mas isso só é possível quando os limites da comuna são recuados por todos os lados. Por outro lado, tendo em conta os numerosos problemas que podem resultar da expansão urbana da cidade de Bambey sobre os terrenos agrícolas das comunas circundantes, este facto continua a ser difícil de concretizar, tanto mais que se depara com uma oposição feroz.

11.1.1 Acesso à terra no Senegal

No Senegal, o acesso à terra é uma questão séria que merece ser tratada com muita atenção e flexibilidade. Na Constituição senegalesa, é verdade que o princípio da igualdade no acesso à terra, que reconhece às mulheres os mesmos direitos que aos homens, continua a não existir para as mulheres. Mas, neste contexto, interessa-nos descrever os diferentes procedimentos a seguir para ter acesso à terra. Existem três tipos de terras no Senegal: as terras do domínio nacional, regidas pela lei 64-66 de 17 de junho de 1964 sobre o domínio nacional, as terras do domínio do Estado, regidas pela lei 76-66 de 2 de julho de 1966 sobre o domínio do Estado, e as terras do domínio privado, regidas pela lei 2011-07 de 30 de março de 2011 sobre a propriedade fundiária. A título de recordação, o n.º 2 do artigo 15.º da Constituição do Senegal de 2001 estipula: "*... os homens e as mulheres têm um direito igual à posse e à propriedade da terra nas condições determinadas pela lei...*". No entanto, existe um procedimento a seguir para aceder à terra. Este procedimento varia de caso para caso. Quer se trate de terras do domínio nacional, de terras da zona dos terroirs ou de terras das zonas classificadas.

11.1.2 Procedimentos de acesso ao solo

No que diz respeito ao acesso às terras do domínio nacional, a lei de 1964 sobre o domínio nacional, que rege igualmente as terras agrícolas, exclui qualquer ideia de discriminação de género no acesso à terra. Relativamente à atribuição de terras, que é o processo de disponibilização de terras do domínio nacional por resolução municipal, os principais princípios que orientam a atribuição de terras são os seguintes A afetação de terras é orientada por um certo número de princípios fundamentais.

São eles :

Sou membro da localidade (membro individual ou vários membros de uma associação ou cooperativa);

tirar o máximo partido do enredo;

gozando de um simples direito de utilização.

No entanto, para além destes três critérios, convém notar que a cessão confere apenas um direito de utilização e é indefinida. No entanto, pode ser revogada em qualquer altura, nas condições previstas na lei. Este procedimento é reservado exclusivamente aos terrenos do domínio nacional.

Para os terrenos destinados à habitação que podem ser acedidos na sequência de um loteamento que, nos termos do artigo 14.º do Código do Urbanismo, "*constitui um loteamento a operação que tem por efeito desenvolver, equipar e dividir em lotes um ou vários terrenos para venda ou cessão a título gratuito ou oneroso*".

Desde o pedido até ao encerramento do dossier fundiário, passando pela decisão do município e pela instalação física do requerente, o processo de atribuição de terrenos segue todo um procedimento resumido no diagrama abaixo.

Figura 10: Diagrama do processo de utilização dos solos

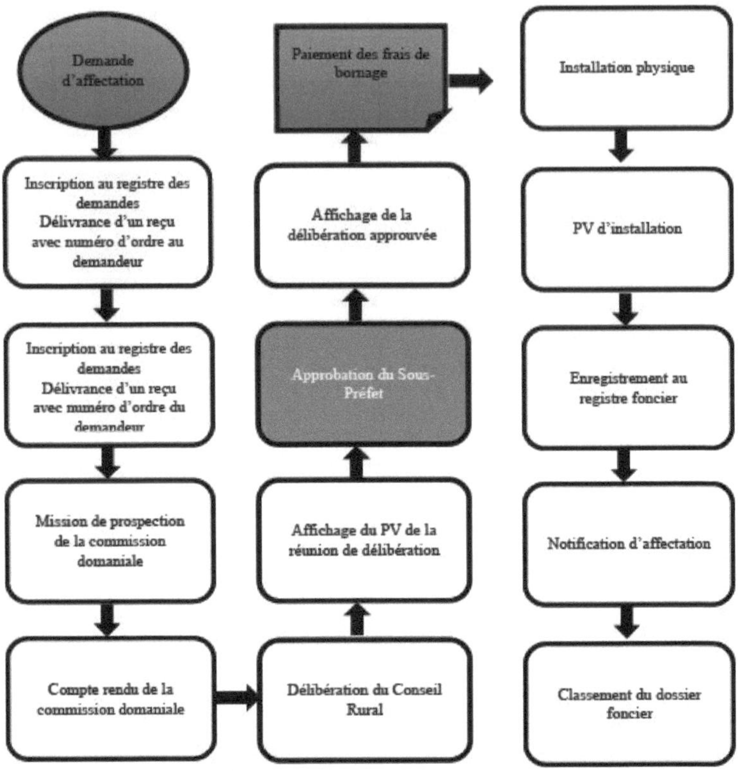

II.2 Os problemas fundiários ligados ao crescimento urbano sustentado em Bambey

Atualmente, a maior parte das cidades atingiu os seus limites territoriais e a sua superfície está a expandir-se para os terrenos das comunas circundantes, com o desenvolvimento de habitações na periferia da cidade. Assim, a terra, vista não só como um fator de produção mas também como um bem transacionável, torna-se uma questão importante que atravessa diferentes circunscrições administrativas, cada uma das quais procura defender os seus próprios interesses. É o que acontece entre a comuna de Bambey e as comunas de Ngoye, Thiakhar, Ngogom e Ndangalma.

Na cidade de Bambey, falar de questões fundiárias é falar das dificuldades encontradas pelas autoridades para controlar o desenvolvimento espacial da cidade. Desde há anos que a cidade se expande sobre os terrenos agrícolas de outras comunas e as autoridades têm dificuldade em encontrar uma solução para este problema, a fim de evitar litígios fundiários com as autoridades políticas locais das outras comunas.

As questões fundiárias levantadas pelo crescimento urbano da cidade resumem-se ao acesso à terra para habitação, construção de infra-estruturas e instalações para as autoridades da cidade. Para as comunas de Ngoye, Thiakhar, Ngogom e Ndangalma, as principais questões são a preservação das terras agrícolas e evitar a perda das taxas de demarcação, uma importante fonte de receitas financeiras para os municípios. Todas as iniciativas postas em prática por estas antigas comunidades rurais para proteger a terra dentro das suas fronteiras comunais são orientadas pela necessidade de preservar os interesses económicos dos seus municípios.

Se resumirmos a expressão "questões de terra" ao que se pode ganhar ou perder com a terra, podemos compreender claramente as múltiplas e variadas questões e debates em torno da terra entre a comuna

de Bambey e as outras comunas circundantes.
Segue-se uma análise das questões políticas, sociais, culturais, económicas e ambientais relacionadas com a dinâmica espacial da cidade de Bambey.

II.2.1 Questões políticas e socioculturais

Imediatamente após a independência, as autoridades políticas senegalesas manifestaram a vontade de democratizar o acesso à terra com a lei n.º 64-46 de 17 de junho de 1964, que definiu o Domaine National. [27]Esta iniciativa implicou uma verdadeira mudança social que ultrapassou as questões jurídicas (IPAR, 2010). A partir daí, surgiu uma oposição lógica, com o confronto no terreno de duas concepções da terra e da sua utilização. As recentes iniciativas de relançamento da agricultura reforçam o debate sobre a redistribuição das terras e, por conseguinte, sobre as leis que regem a sua gestão.
As dualidades entre a cidade de Bambey e as outras comunas mostram que o processo de descentralização da gestão do território não é satisfatório e que a aplicação efectiva dos princípios e das orientações da lei do património nacional e dos seus decretos de aplicação deve ainda ser revista. Em matéria de gestão do território, as limitações ou obstáculos humanos, financeiros, materiais, institucionais e mesmo estruturais dificultam a ação dos órgãos executivos e de decisão das colectividades locais. Tal como as outras competências transferidas, estas caracterizam-se pela falta de meios e de poder para as exercer (IPAR, 2010).
Assim, a vontade das autoridades locais de proteger as suas terras é um escudo para proteger a agricultura nos arredores da cidade onde as pessoas vivem, uma vez que estas comunas são habitadas por camponeses e a agricultura e a pecuária são os sectores básicos da sua economia. Assim, a preservação da agricultura familiar e a redução da pobreza nas zonas rurais são algumas das razões pelas quais as autoridades municipais das outras comunas se opõem a qualquer tentativa de inclusão dos seus terrenos no cadastro de Bambey. No entanto, na realidade, o argumento apresentado pelas autoridades locais das outras comunas pode ser exatamente o oposto. A consciência mostra que, mais cedo ou mais tarde, os terrenos agrícolas em torno da cidade de Bambey mudarão de uso em detrimento da agricultura. Assim, a vontade de conservar a sua terra e de receber os impostos sobre ela, mesmo que estes ainda não tenham sido aplicados na íntegra e com rigor na maior parte das cidades do Senegal, é um facto positivo. Com efeito, abandonar estas terras em detrimento desta atividade e em benefício da urbanização privaria estas comunas de uma importante fonte de financiamento, como as taxas de demarcação e os impostos fundiários locais, que passarão a ser pagos pela comuna de Bambey. Assim, é fácil compreender por que razão as colectividades locais das antigas comunidades rurais têm tanta dificuldade em ver a cidade beneficiar das vantagens que lhe são conferidas pelo seu decreto de extensão dos limites territoriais da comuna.

II.2.2 Questões económicas e ambientais

A questão da segurança das terras suscita diferentes concepções de utilização e gestão das terras. De acordo com o relatório do IPAR (2010), duas tendências podem ser identificadas. A primeira é a ideia de que a privatização da terra é uma solução prioritária para assegurar o investimento e é uma garantia de acesso ao crédito e de desenvolvimento de uma agricultura empresarial. Esta é a visão das instituições de Bretton Woods (BM e FMI). A segunda consiste simplesmente em reconhecer os direitos locais, que são de facto flexíveis, dinâmicos e susceptíveis de conduzir a um tipo de segurança favorável ao investimento e ao desenvolvimento da agricultura familiar. Mas o que ambos têm em comum é a titularização da terra, o que difere é a forma como é feita. Em agosto de 2020, devido à falta de terras aráveis e às preocupações da população com os planos de loteamento da cidade de Bambey, a população da comuna de Ngoye manifestou o seu desacordo com este projeto consumidor de terras, perigoso para as famílias que têm a maior parte dos seus campos nesta zona. O loteamento destas terras teria também consequências económicas e ambientais, com a destruição do coberto vegetal, o abate de árvores, o desaparecimento ou a redução das áreas de pastagem e a perda da

[27] Initiative Prospective Agricole et Rurale, Gestion fonciere au Senegal : enjeux, etat des lieux et debats, 2010

diversidade biológica, dificultando o exercício de qualquer atividade agro-pastoril.

Por outro lado, os compromissos do Senegal para alcançar os ODS permanecerão ameaçados se tais práticas continuarem a ser observadas em todo o país. Em particular, o ODM 16, "*Cidades e comunidades sustentáveis*", deve orientar as acções das autoridades locais e regionais em termos de desenvolvimento e planeamento urbano, porque o contexto climático em que vivemos não encoraja tais práticas.

Capítulo III: Conflitos fundiários na cidade de Bambey

O crescimento da população e o desenvolvimento de infra-estruturas e equipamentos justificam a atratividade da cidade e, por conseguinte, o seu crescimento urbano sustentado. Esta atratividade traduz-se, por conseguinte, num excedente populacional anual que, por sua vez, cria uma necessidade de habitação e, consequentemente, de novos terrenos para urbanização. No entanto, a cidade atingiu os seus limites territoriais por todos os lados. Foram lançadas estratégias pelo Estado e pelas autarquias locais para responder às necessidades de habitação e construir equipamentos para a população da cidade. No entanto, estas iniciativas de ambos os lados deram origem a conflitos fundiários. Alguns deles estão ligados a divisões administrativas, enquanto outros resultam de práticas consuetudinárias ou do domínio do direito consuetudinário sobre o direito legal na zona.

Nesta secção, procurámos analisar os diferentes conflitos fundiários na cidade. Para isso, dividimos esses conflitos em duas categorias, de acordo com a sua natureza e os actores envolvidos.

III.1 Gestão do solo urbano: entre a vontade política e a realidade no terreno

Imediatamente após a independência, quando o Senegal introduziu uma lei de segurança fundiária, pensava-se que o problema do ordenamento do território seria esquecido. Mas foi preciso esperar mais de 50 anos para nos apercebermos que, na realidade, o problema do ordenamento do território continua tão atual como sempre. De facto, as tentativas de reforma agrária parecem conduzir a medidas inadequadas, se olharmos para o que se passa no terreno diariamente. A questão da boa governação fundiária no Senegal, com vista a erradicar os problemas da insegurança e da corrupção fundiária, fez parte das diferentes fases do processo de reforma agrária no Senegal.

O desenvolvimento espacial das cidades tem sempre consequências espaciais, políticas e económicas. Na maior parte dos casos, estas consequências dizem respeito ao território, com o risco de ultrapassar os limites territoriais originais das cidades e de consumir as terras agrícolas. Esta situação conduz frequentemente a conflitos fundiários entre comunidades territoriais ou autoridades políticas locais. De facto, *"a apropriação das terras é feita à margem da lei n.º 64-66 de 17 de junho de 1964, que visa uniformizar e regulamentar a propriedade fundiária local. A posse periférica da terra é fonte de convulsões sociais, sobretudo ao nível da propriedade consuetudinária. Se não é a ocupação das reservas do Estado, que alguns consideram como "terras devolutas" sem dono, é a especulação "selvagem" e "maliciosa" sobre os terrenos marginais. O resultado de uma ou outra forma de produção e aquisição de terras conduz inevitavelmente à desordem espacial e à anarquia urbana"* (WADE C.S., 1995).

Se é evidente que o problema da terra no Senegal foi resolvido, em certa medida, pela lei sobre o domínio nacional e os seus decretos de aplicação, o Estado é hoje limitado em certos projectos pelo direito consuetudinário, que também faz as suas leis na gestão das terras do país. Atualmente, o Estado é limitado em certos projectos pelo direito consuetudinário, que também define as regras de gestão das terras do país. O Estado não se atreve a

não aplicar plenamente as disposições da lei sobre o domínio nacional. Com efeito, mesmo que declare que todas as terras não registadas pertencem ao Estado e estão classificadas no domínio nacional, não ignora a santidade da legislação fundiária consuetudinária, que não pode dar-se ao luxo de ignorar.

O Estado e as colectividades locais criam frequentemente mecanismos de gestão dos territórios sem experiência, porque os terrenos das colectividades locais são terrenos do Estado.

Os conflitos fundiários entre colectividades locais são cada vez mais frequentes no Senegal. Segundo o anuário nacional dos litígios fundiários 2020 do Ministério do Interior, foram registados 307 litígios fundiários que afectam todas as regiões, mas de natureza diversa. Se alguns são causados por questões de limites de aldeias ou de comunas (19,86%), outros são causados por litígios entre particulares (34,20%), ou entre habitantes locais e promotores imobiliários (13,02%), enquanto os litígios comunitários (14%) e os de loteamento (18,89%) são marcados por disparidades entre regiões, como é o caso de Dakar, com 9 litígios causados por questões de loteamento, 5 na região de Saint-Louis e 4 na região de Diourbel.

O problema da delimitação das comunas está a generalizar-se nos dias de hoje, e há muito tempo que este tipo de conflitos não se via no país. Isto deve-se, por um lado, ao desenvolvimento das comunas como capitais de departamento e cidades secundárias, que, na sua dinâmica recente, estão a ganhar cada vez mais terreno e a estender-se às comunas vizinhas. Por outro lado, a ausência de um cadastro rural e de um cadastro bem conservado na maior parte das comunas rurais.

III.2 Conflitos fundiários na cidade de Bambey

A bacia do amendoim tornou-se um foco de litígios fundiários. Segundo um relatório do Ministério do Interior (Cartographie des litiges fonciers et conflits communautaires au Sénégal, 2022), só a região de Diourbel regista mais de uma dezena de conflitos. Alguns deles são devidos a questões de fronteiras entre comunas ou aldeias, outros têm origem em questões de loteamento e outros em conflitos entre particulares. Na cidade de Bambey, em função dos actores envolvidos, identificámos dois tipos de conflitos fundiários, a seguir descritos.

A maior parte das cidades médias africanas foram criadas para fins políticos, administrativos e comerciais. Com efeito, o boom económico destes centros de média dimensão provocou rapidamente um afluxo maciço de populações rurais em busca de melhores condições de vida.

Este afluxo maciço de novas pessoas reflecte-se num crescimento urbano considerável. Ao excedente de nascimentos juntam-se os movimentos populacionais que contribuíram em grande medida para a atual dinâmica urbana das cidades de segunda linha. Estes centros urbanos tornam-se atractivos e assiste-se a um grande número de migrantes de todo o mundo. Esta dinâmica populacional e habitacional obriga as cidades médias a encontrar novos espaços para satisfazer a grande procura de lotes de habitação. Esta procura maciça de alojamentos e de habitações é atualmente uma das causas de numerosos conflitos fundiários nas cidades médias (MBAYE I. et al., 2018), a exemplo da cidade de Bambey.

"Um litígio fundiário é um desacordo entre duas ou mais partes sobre um pedaço de terra" (MBAYE I., 2018). A chegada da população às zonas urbanas exige a construção de habitações, o que contribui para a expansão urbana. Consequentemente, a habitação continua a ser o principal meio de expansão espacial nas cidades senegalesas, especialmente nas cidades de média dimensão (MBAYE I. et al., 2018). A escala do crescimento demográfico da cidade foi acompanhada por uma dinâmica urbana exponencial.

A sua rápida urbanização levanta a questão dos conflitos fundiários entre a cidade e as comunas vizinhas. A urbanização excessiva coloca assim problemas graves, nomeadamente o acesso à terra (MBAYE I. et al., 2018). *"A terra tornou-se assim um objeto de cobiça e de troca, mas também uma fonte de conflitos. Porque muitos conflitos urbanos têm origem na terra"* (MBAYE I. et al., 2018). *"A terra tornou-se um objeto económico valorizado e está a ser transformada numa mercadoria. Este fenómeno é reforçado nas cidades por um crescimento demográfico considerável"* (Lavigne-Delville, 2000, citado por MBAYE I. et al., 2018).

III.2.1 Conflitos fundiários entre autarquias locais na sequência de uma divisão administrativa

Desde há vários anos, a comuna de Bambey está num braço de ferro com as comunas de Ngoye a sul, Thiakhar a leste, Ndangalma a oeste e Ngogom a norte. Tudo começou com a vontade das autoridades municipais das comunas de Bambey de subdividir os terrenos pertencentes a estas comunas na sequência do Decreto n.º 2011-1991, de 16 de dezembro de 2011, que altera e alarga os limites territoriais da comuna de Bambey. [28]Este decreto provocou uma cisão entre a comuna de Bambey e as

[28] Journal lequotidien, Diourbel-Litige foncier a Bambey : Des habitants du Baol se crepent le chignon, in

suas quatro comunas vizinhas. Mas este diferendo entre as colectividades locais sobre o decreto e os seus prolongamentos propostos não pode ser reduzido a um simples desacordo sobre a aplicação do decreto e as suas consequências. Os terrenos da CNRA e da Universidade Alioune Diop em Bambey, com uma superfície superior a 30 hectares, pertenciam às comunidades rurais de Ngogom para uma parte da CNRA e de Ndangalma para a Universidade, antes de serem transferidos para os terrenos da cidade de Bambey. Por conseguinte, todas as receitas fundiárias geradas por estas estruturas são absorvidas exclusivamente pela cidade de Bambey. Este facto constitui uma fonte de frustração para estes dois organismos governamentais.

O plano diretor de desenvolvimento urbano até 2021 prevê novas extensões a leste, a norte e, sobretudo, a sul da cidade, uma vez que o muro da CNRA a norte parece ser agora um obstáculo a qualquer projeto de extensão da cidade para norte. Este PDU, elaborado com base no decreto de alargamento dos limites municipais da cidade de Bambey, foi atacado pelos municípios de Ngoye, Ngogom, Thiakhar e Ndangalma, que formaram uma frente unida contra o decreto. Por não ter sido publicado no site do jornal oficial, estas antigas comunidades rurais, que são aliás as mais afectadas pelo decreto e que viram grandes extensões de terra expropriadas, com todas as consequências daí decorrentes, vetam a aplicação do decreto na sequência das tentativas das autoridades de Bambey de subdividir as terras nas comunas de Ngoye, Thiakhar e Ndangalma, bem como na comuna de Ngogom.

Estas autoridades locais, conscientes das receitas fundiárias que perderiam para a comuna de Bambey, não podiam ficar inactivas perante tal tentativa. Assim, contestaram o decreto de alargamento dos limites da cidade de Bambey perante o Supremo Tribunal. De acordo com o chefe do departamento de urbanismo e habitação de Bambey, o governador regional pediu que não se fizesse nada no terreno enquanto o Supremo Tribunal não se pronunciasse sobre o caso. No entanto, é preciso dizer que o decreto não foi publicado no jornal oficial e, por conseguinte, não pode ser aplicado. Mas neste caso, de acordo com o chefe do departamento de urbanismo e habitação de Bambey, o ponto fulcral é a falta de informação por parte das autoridades municipais destas comunas recalcitrantes, porque os projectos de loteamento que contestam não foram realizados nos seus terrenos, mas sim projectos de loteamento que deveriam ter sido realizados e foram realizados em terrenos pertencentes à cidade de Bambey. Tratava-se de dois projectos de urbanização que consistiam na extensão dos bairros DVF e Leona Nord. Este loteamento, que abrangia uma superfície de 82 hectares no bairro Leona Nord e de 52 hectares no bairro DVF, a sul da cidade, em direção à comuna de Ngoye, era apenas a resposta aos numerosos pedidos formulados ano após ano pela Câmara Municipal de Bambey, devido ao crescimento demográfico e à procura de terrenos.

A quase totalidade destas quatro comunas, que reclamam a venda das suas terras pela comuna de Bambey, são essencialmente antigas comunidades rurais, atualmente comunas muito pobres, que, para além dos fundos de dotação recebidos, não dispõem de outros recursos financeiros para o desenvolvimento dos seus municípios. Privá-las das suas terras e, consequentemente, das taxas de demarcação e de outras receitas fundiárias, seria levá-las à beira da extinção, pois não teriam sequer os fundos necessários para desenvolver as suas terras. Assim, para evitar perder estas e outras taxas de demarcação, comunas como Ngoye e Thiakhar já iniciaram projectos de subdivisão das suas terras nos arredores da cidade de Bambey.

Atualmente, tendo em conta o esgotamento dos limites comunais da cidade e o alargamento da cidade a terrenos do domínio nacional pertencentes às antigas comunidades rurais, a questão que se coloca é a de saber a quem pertencem os terrenos onde a cidade se estende. Enquanto a cidade de Bambey se afirma proprietária destes terrenos, invocando o decreto n.º 2011-1991 de 16 de dezembro de 2011 relativo à modificação e à extensão dos limites territoriais da cidade de Bambey, as comunas de Ngoye, Thiakhar e Ndangalma, principalmente afectadas pelos projectos de loteamento da cidade, evocam a ideia de usurpação de terras por parte das autoridades da cidade de Bambey.

---

lequotidien.sn, 14 aout 2019

Os diferentes projectos de loteamento iniciados pela cidade de Bambey foram objeto de uma oposição sem fim por parte das populações destas comunas limítrofes da cidade de Bameby. O último projeto de loteamento, em junho de 2020, foi objeto de uma oposição feroz por parte das populações destas antigas comunidades rurais. [er]De facto, a 1 de agosto de 2020, as populações da comuna de Ngoye, a principal comuna a perder as suas terras para a cidade de Bambey, organizaram uma manifestação para denunciar o parcelamento das suas terras agrícolas pela cidade de Bambey.

As autoridades municipais das quatro comunas de Ngoye, Thiakhar, Ndangalma e Ngogom atacaram por unanimidade o decreto de extensão dos limites territoriais da cidade de Ngoye.

Bambey. [29]De acordo com o secretário municipal da comuna de Ndangalma, este decreto não é oponível a terceiros pelo facto de não ter sido publicado no jornal oficial. No entanto, um decreto só é oponível após a sua publicação no jornal oficial.

No entanto, face a esta tentativa de integrar esta reserva fundiária no perímetro da cidade, as comunas de Ngoye e Thiakhar, mais afectadas pela expansão da cidade de Bambey, reagiram lançando cada uma delas um projeto de loteamento para contrariar qualquer nova tentativa de apropriação dos seus terrenos por parte de Bambey. Estas restrições legais à expansão da cidade de Bambey levaram o chefe dos serviços técnicos municipais da Câmara Municipal de Bambey a afirmar que, após o lançamento do projeto de loteamento de mais de 20 hectares a sul e a leste da cidade, as comunas rurais dificultaram muito o bloqueio do projeto de loteamento. Atacaram-nos nos tribunais, e as comunas de Ngoye e Thiakhar iniciaram processos de loteamento. Isto mostra a sua inveja do desenvolvimento da cidade e a sua falta de vontade de pagar as taxas de demarcação, apesar de não terem os meios para desenvolver a terra.

Atualmente, apesar de esta situação estar meio resolvida após a decisão do governador regional de não fazer nada nestas zonas enquanto se aguarda a decisão do supremo tribunal na sequência da queixa das outras comunas contra a comuna de Bambey, deixa uma insegurança fundiária que não diz o seu nome. De facto, a comuna de Thiakhar já começou a vender as suas terras à volta da cidade de Bambey para contrariar qualquer avanço de Bambey nesta zona. [30]Este facto dá por vezes origem a conflitos, pois não faltam confusões sobre a propriedade das terras.

Mapa 9: Bambey e as suas quatro comunas vizinhas

[29] Lequotidien.sn, 14 de agosto de 2019. *Conflito de terras em Bambey: os habitantes de Baol não desistem*

[30] Chefe do serviço técnico da Câmara Municipal de Bambey (entrevista em 23 de agosto de 2022)

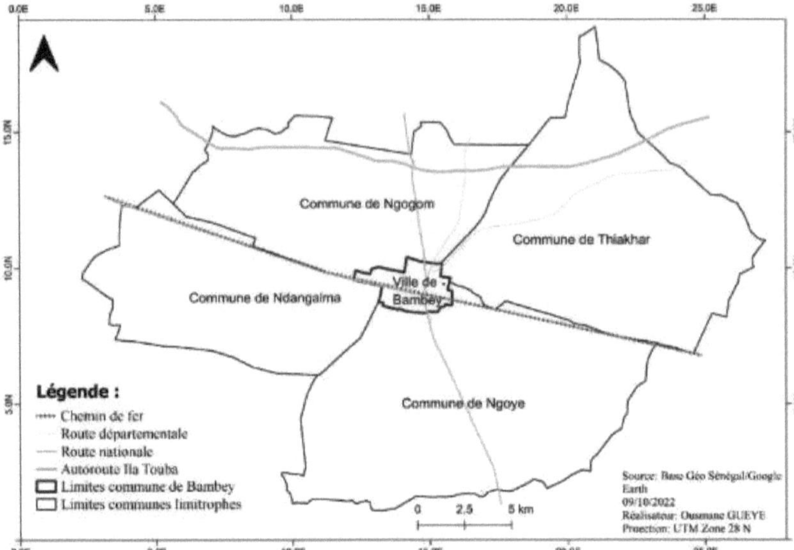

Fonte: Base Geo Senegal, Google Earth/QGIS

III.2.2 Conflitos fundiários ligados a práticas consuetudinárias

Para além destes problemas entre colectividades locais, a cidade de Bambey enfrenta, desde há três anos, um problema de governação e de insegurança fundiária. Em 2020, as subdivisões iniciadas pelo conselho municipal deram origem a revoltas populares na cidade, principalmente nos bairros DVF-Diamaguene e Leona. Nestes dois bairros, as práticas fundiárias consuetudinárias continuam a ser uma realidade no terreno. De facto, antes dos projectos de construção de habitações em 2020, as pessoas já se tinham instalado na periferia dos bairros DVF, no sul da cidade, e Leona Norte. Mas esses assentamentos não tinham base legal.

[31]No bairro DVF, o fenómeno "baay deuk" ( ) fez com que algumas pessoas já se tivessem mudado antes da urbanização. Em 2020, com a extensão dos bairros DVF e Leona Nord, o projeto de urbanização dividiu as suas áreas de habitação, e algumas delas, após deliberação da Câmara Municipal, tiveram de deixar os seus lotes a favor de outras famílias. Mas, apesar de as famílias que vivem nesta zona da cidade se encontrarem numa zona habitacional sem regulamentação urbanística nem base jurídica, estas pessoas dizem "não" a qualquer ideia de expropriação dos seus terrenos, porque não tencionam abandonar as suas casas habituais, apesar de não terem regulamentação urbanística. No entanto, depois de constatar que estas pessoas tinham urbanizado os terrenos que ocupavam, a Câmara Municipal decidiu indemnizá-las em espécie. Mas os habitantes opuseram-se a qualquer tentativa de saída, porque, com base no direito consuetudinário, apropriaram-se desses espaços e deixaram neles a sua marca. Este facto causou agitação na cidade, dando origem a movimentos de defesa das terras de Bambey.

Este caso começa a tomar um rumo diferente. Está a tornar-se uma questão entre a autarquia e outros responsáveis políticos que se dizem empenhados na proteção das terras destas populações diminuídas.

Em 2020, após a realização dos loteamentos, as famílias que já tinham urbanizado os terrenos, mas sem qualquer norma legal, viram-se numa situação alarmante, pois estavam a ser expropriadas dos seus lotes. Assim, segundo um membro do Coletivo para a Defesa da Terra de Bambey, 27 famílias

[31] Expressão wolof que designa o assentamento de pessoas num local que se situa geralmente na periferia das cidades, mas estes assentamentos não têm base legal, expondo os habitantes à insegurança fundiária.

deveriam ser expulsas das suas casas e outras deveriam ceder as suas casas a outras pessoas que, segundo o Coletivo para a Defesa da Terra de Bambey, são próximas do presidente da câmara municipal. Mas para além disso, a gestão das terras na comuna coloca um verdadeiro problema, como nos conta Ndiaye S.: "*Encontrámos mais de 42 duplicados depois da publicação das listas. Há também menores a quem a equipa municipal atribuiu parcelas, e pessoas que vivem fora de Bambey beneficiaram dessas atribuições, o que é contrário à lei*" (entrevista, outubro de 2022).
Esta situação deu origem a uma queixa contra a Câmara Municipal de Bambey, apresentada pelo coletivo para a defesa dos terrenos de Bambey (collectif pour la défense des terres de Bambey) ao cours des comptes, ao IGE e ao OFNAC.
Atualmente, a comuna de Bambey é uma das comunas do departamento mais afectadas pelos conflitos de terra. De facto, após a análise dos resultados do nosso inquérito, constatámos que 16,67% dos inquiridos tinham sido confrontados com conflitos de terra nos últimos anos. No entanto, esta percentagem varia de bairro para bairro. O bairro DVF é o mais afetado, seguido do bairro Leona Nord. Isto é justificado pela extensão da cidade em direção a estes dois bairros com os últimos projectos de desenvolvimento habitacional realizados em 2020, mas também pela chegada de populações do campo circundante que, uma vez na cidade, se instalam no pëH-pЬ-ëпeз porque a terra é muito mais acessível lá, mas também encontrando o centro urbano densamente peиplë. De acordo com os resultados do nosso inquérito, podemos também constatar que os problemas fundiários na cidade são recentes, uma vez que mais de 63,63% não estavam na cidade há menos de 5 anos. Por outro lado, 27,27% dos conflitos ocorreram entre 5 e 10 anos atrás, contra 9,10% que ocorreram há mais de 10 anos (DoniK'es d'enquete, Gueve 2022).
Mais de 36,37% dos litígios fundiários na cidade são entre a Câmara Municipal e a população local. No entanto, 54,54% dos litígios fundiários são entre os habitantes da cidade. Esta situação deve-se, na maioria dos casos, a uma confusão de parcelas ou a problemas com o património. Os conflitos de terra entre uma família e um proprietário privado representam 9,09% dos conflitos de terra na cidade de Bambey.

Imagem 11: Manifestação do coletivo para a defesa da terra em Bambey em agosto de 2020

Fonte: Ndiaye S., *agosto de 2020*

Figura 11: Rëpartição dos litígios de terra por bairro de acordo com as enquëtës.

Fonte: Donees d'enquete, Gueye, outubro de 2022

III PARTE

IMPACTO DA EXPANSÃO URBANA NA UTILIZAÇÃO DOS SOLOS PERIURBANO E PERSPECTIVAS DE DESENVOLVIMENTO

Capítulo I: Expansão urbana e especulação fundiária em Bambey

Este capítulo analisa os diferentes impactos da expansão do espaço urbano no solo. Em primeiro lugar, centramo-nos na expansão urbana e nas suas consequências para os terrenos periurbanos. Em segundo lugar, estudamos a especulação fundiária e o crescimento do sector imobiliário na cidade de Bambey, antes de concluirmos com uma discussão sobre as perspectivas de desenvolvimento da cidade.

I.1 Terrenos peri-urbanos sob pressão da urbanização galopante

Desde a sua criação, as cidades evoluíram no tempo e no espaço até ultrapassarem os seus locais naturais, o que pode ser descrito como crescimento urbano ou expansão urbana. Esta última refere-se a "*um aumento da superfície de uma zona urbana superior ao da sua população*" (BURGEL G., 2017). A expansão urbana é baseada na descontinuidade e no consumo excessivo de recursos, o que gera enormes custos ambientais. De acordo com (BURGEL G., 2017), a expansão urbana está "*associada ao consumo excessivo de terras agrícolas, espaços naturais e energia, além de ser uma fonte de aumento da poluição e perda de tempo devido à necessidade de percorrer distâncias cada vez maiores, principalmente de carro*".

A expansão urbana é um fenómeno global muito variável, mas que corresponde a uma lógica que merece ser explicada. A expansão das cidades começou com as revoluções industriais, sobretudo na Europa, mas só após a Segunda Guerra Mundial é que surgiram grandes comunidades humanas e se acelerou o processo de urbanização. Mas é importante lembrar que a mutação e a dinâmica das áreas urbanas não são exclusivamente quantitativas e espaciais. É acompanhada de profundas mudanças sociais e de uma crescente complexidade da noção de cidade (PAULET J. P., 2009).

Esta expansão urbana da cidade de Bambey coloca o problema das relações cidade-campo em termos diferentes, uma vez que a interpenetração dos campos, dos terrenos baldios e das zonas urbanizadas se está a tornar a regra. As muralhas da cidade desapareceram há muito tempo e a urbanização estendeu-se muito para além do centro da cidade. À medida que as empresas se deslocavam para a periferia da cidade, nas estradas principais, tornou-se mais fácil criar subúrbios no meio do campo, em terrenos agrícolas não urbanizados, com uma cidade ou aldeia mercantil no centro da nova zona urbana. A antiga população agrícola será, assim, afogada num tipo urbano (PAULET J. P., 2009).

De acordo com PAULET J. P. (2009), estima-se que 476 000 hectares de terras aráveis são transformados todos os anos nos países em desenvolvimento. As terras agrícolas estão a afastar-se das cidades devido à forte pressão fundiária exercida pelo peso demográfico das cidades. Em termos mais gerais, se incluirmos as zonas rurais, durante um século, mais de 10 000 000 de quilómetros quadrados de terra serão degradados. A necessidade de equipamentos e de lotes de habitação é muitas vezes legítima. No entanto, são muitas vezes construídos em condições perigosas para o ambiente e para a agricultura.

ᶜDe acordo com PAULET J. P. (2006), antes do século XX, o crescimento urbano era relativamente lento. Mas recentemente, de acordo com MBAYE I. et al. (2018), "*a tendência sustentada para a urbanização acelerou a um ritmo preocupante, resultando em crescimento demográfico, densificação do tecido urbano e expansão urbana espacial sem precedentes, gerando procura de terrenos para satisfazer as necessidades da cidade. Como consequência, as florestas locais, as zonas húmidas, as áreas agrícolas e as florestas classificadas estão a ser vítimas deste processo, apesar da existência de um arsenal legal substancial. A coabitação entre a cidade e as zonas florestais classificadas está a tornar-se difícil. A cidade está a expandir-se à custa destas áreas, que são vistas como meras reservas de terra*". Assim, o boom demográfico está a transformar os contornos da cidade de Bambey, trazendo certas partes do campo para o espaço da cidade. Os limites territoriais entre a cidade e a zona rural circundante tornaram-se muito difíceis de identificar. Em Bambey e arredores, a expansão urbana está a ter consequências graves para o ambiente. Estas consequências são mais visíveis na perturbação do ecossistema, na perda de terras agrícolas, na diminuição das terras aráveis e dos rendimentos agrícolas.

Neste contexto marcado pela globalização e pelo liberalismo económico, "*as rivalidades económicas e mesmo políticas colocam em segundo plano os interesses ecológicos. A perda de terras agrícolas à escala mundial é, por conseguinte, o maior perigo*" (PAULET J. P., 2009).

O preço elevado dos terrenos no centro urbano e a necessidade de espaço para habitação estão a levar as pessoas e as empresas a instalarem-se nos arredores da cidade de Bambey.
Entre 1988 e 2002, a população da cidade de Bambey cresceu significativamente, com uma população adicional de 4.098 em 2002. Em 2013, a população adicional da cidade era de 8 542 habitantes, ou seja, o dobro da população adicional em 2002. Este crescimento da população urbana está na base da estimativa das necessidades de terrenos para a extensão da cidade, uma vez que a situação atual da cidade é que o seu perímetro comunal está esgotado, com exceção de alguns hectares disponíveis a sul da cidade no distrito DVF e a norte e nordeste no distrito Leona Nord, incluindo os campos agrícolas da população de Keur Sakoura.
A cidade de Bambey vive atualmente uma situação de extrema escassez de terras, uma vez que todas as suas terras foram subdivididas pelo município. Com exceção do loteamento de 2014, todos os outros projectos de loteamento da cidade de Bambey estão previstos para os terrenos agrícolas das aldeias vizinhas. Esta situação vai acentuar a perda de terras agrícolas para o desenvolvimento urbano. Entre 2014 e 2022, a urbanização vai ganhar cada vez mais terreno, mordiscando os terrenos periurbanos cuja função principal era a agricultura.
O gráfico seguinte mostra a evolução da procura de autorizações de planeamento entre 2008 e 2019.
Figura 12: Variação do número de pedidos de licenças de construção de 2008 a 2019

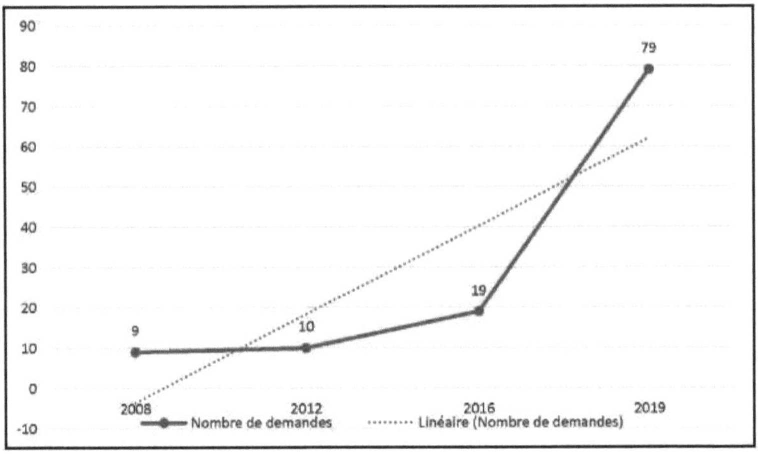

Fonte : DRUD
O gráfico mostra que os pedidos de autorização de planeamento dispararam. De facto, o número de pedidos por ano não ultrapassava os 10 na década de 2010. Em 2019, porém, esse número terá aumentado para 79.

I.2 Especulação fundiária e crescimento do sector imobiliário

No passado, a cidade de Bambey não conheceu certos aspectos da urbanização ou, se os conheceu, não tiveram grande influência no seu desenvolvimento. De facto, foi por volta de 2010 que as populações das comunidades rurais de Ngoye, e mais especificamente da aldeia de Battal, se dirigiram para a cidade de Bambey. [32]A maior parte dos pedidos de novos edifícios provém de outras comunas, mas sobretudo da aldeia de Battal.
Entre 2011 e 2015, quando a universidade começou a funcionar em pleno e a sua população cresceu, a propriedade tornou-se um sector preferencial para a maioria dos proprietários de terras em torno da cidade. O desenvolvimento deste sector está diretamente ligado à implantação da Universidade Alioune Diop na cidade de Bambey. A maior parte dos pedidos de licença de construção diz respeito a esta parte da cidade junto à universidade (entrevista com o chefe do departamento de urbanismo e

[32] Gueye 2022, entrevista com o chefe do departamento de urbanismo e habitação de Bambey

habitação de Bambey). No entanto, a maior parte dos requerentes provém das aldeias vizinhas. Atualmente, esta zona da cidade viu o preço de um lote aumentar e começa a surgir um novo centro urbano nesta zona, com a universidade no seu centro. [2]Para um terreno de 300 m, o preço mais baixo pode ser estimado entre 2.500.000 F CFA e 3.000.0000 F CFA. Entre 2008 e 2019, mais de 90,60% dos pedidos de licenças de construção analisados pelo departamento de urbanismo e habitação destinavam-se à construção de habitações, segundo o chefe do departamento de urbanismo e habitação de Bambey. Uma vez construídas, estas parcelas de terreno são geralmente arrendadas. São sobretudo os aldeões ou as pessoas das aldeias vizinhas que investem nos terrenos e são, portanto, os senhores do sector. O arrendamento está a ganhar cada vez mais terreno, uma vez que estes proprietários, que já têm casas nas suas aldeias de origem, colocam as suas casas construídas na cidade à disposição dos inquilinos e contribuem para o boom do arrendamento. Mas na cidade de Bambey, como em todo o mundo, o preço do aluguer depende do bairro. Um bairro como Leona Nord, por exemplo, tem custos de aluguer mais baixos do que o bairro DVF. Nesta parte da cidade, no bairro DVF-Diamaguene, perto da universidade, o custo do aluguer é muito mais elevado, variando entre 30 000 e 40 000 francos CFA para os quartos individuais e 35 000 e 45 000 francos CFA para os quartos com casa de banho (entrevista com o chefe do departamento de urbanismo e habitação de Bambey).

Este aumento considerável do preço do aluguer pode ser explicado pela relação distância-custo. Com efeito, dado que o preço dos materiais de construção como o cimento e o ferro se mantém constante em toda a cidade, o único fator que explica o aumento do preço do aluguer é a distância da universidade ou o conforto e a qualidade. O estado alarmante do sector dos transportes da cidade, com a mobilidade interurbana assegurada por carroças, justifica o facto de os valores das rendas permanecerem mais elevados nos bairros do centro da cidade. Nas zonas próximas da universidade e do CNRA, os custos de aluguer são cada vez mais elevados em relação às outras zonas.

A dinâmica demográfica dos últimos anos está a consumir espaço e a pôr em perigo as terras agrícolas (FAYE. M., 2013). A mudança da paisagem nesta zona, marcada pelo desenvolvimento de edifícios modernos, mostra que a cidade está a expandir-se principalmente para oeste, em torno da universidade, e para sul e sudeste da cidade, apesar do elevado preço dos terrenos nesta zona. Esta especulação fundiária nas imediações da universidade não é desprovida de consequências, pois gera já uma espécie de segregação espacial. De facto, devido ao custo demasiado elevado dos lotes, as famílias pobres não têm qualquer hipótese de obter um lote nesta zona da cidade. Existe já uma forma de bairro rico em relação a outras zonas da cidade.

Os responsáveis pela gestão dos terrenos, como o município, deixaram praticamente estes terrenos à mercê dos saqueadores, sem qualquer regulamentação. Este estado de coisas é prejudicial, porque o controlo das transacções fundiárias continua a ser escasso e o preço de um metro quadrado ou de um terreno dispara. A lei do mercado está em pleno vigor, porque os preços são consubstanciais à oferta e à procura. No entanto, o forte crescimento demográfico atual da cidade e as projecções futuras mostram que a procura de terrenos para habitação continuará a aumentar, uma vez que o crescimento demográfico da cidade não está atualmente sujeito a quaisquer restrições. Nesta zona da cidade, o preço médio dos terrenos a urbanizar é mais elevado do que em qualquer outra zona da cidade (FAYE M., 2013).

Apesar do número crescente de pedidos de terrenos para habitação, a cidade de Bambey encontra-se numa situação muito delicada com a extensão dos seus limites municipais. Assim, as terras agrícolas das aldeias circundantes estão ameaçadas e as comunas vizinhas continuam hostis à aplicação do decreto de extensão da cidade.
No gráfico a seguir, veremos os impactos do dëvelopment espacial da cidade sobre os terrenos de acordo com as enquëtës.

Figura 13: Os efeitos do desenvolvimento espacial da cidade no solo

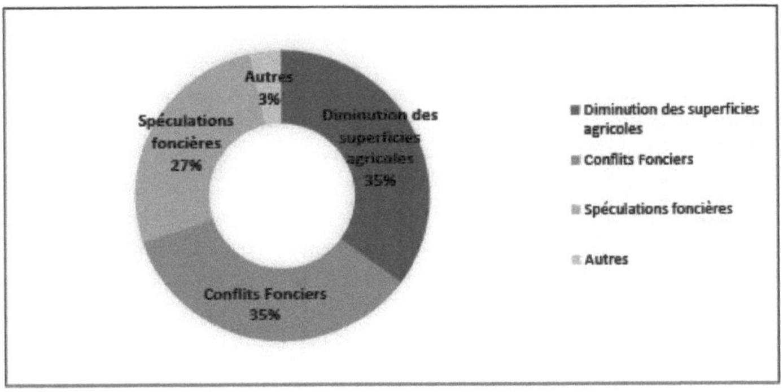

Fonte: Dados do inquérito, Gueye, outubro de 2022

Este diagrama destaca o impacto da expansão urbana no solo. Entre eles, a especulação fundiária, a redução da superfície agrícola, os conflitos fundiários e a inacessibilidade das parcelas devido aos custos muito elevados. Os resultados do nosso inquérito confirmam que a expansão urbana na cidade conduz à especulação fundiária (27%), a uma redução das terras aráveis na periferia da cidade (35%) e a conflitos fundiários (35%).

I.2.1 Transacções informais de terras

A terra é cada vez mais considerada como uma mercadoria e não como um bem comum cuja utilização deve ser cuidadosamente regulada no interesse de todos os cidadãos. Esta evolução tem enormes consequências para o preço do solo, para a utilização dos terrenos públicos e para a regulação da sua utilização pelo Estado. Todas estas características são afectadas pela evolução das necessidades urbanas. Assim, quando a oferta de terrenos diminui e a procura aumenta, o preço dos terrenos aumenta naturalmente e rapidamente. Por conseguinte, são os mais ricos que terão acesso aos melhores terrenos, e não aqueles que mais precisam deles. As forças do mercado, as pressões demográficas e o crescimento urbano continuam a fazer aumentar a procura de terrenos, mas a oferta continua a ser muito inferior à procura (UN-Habitat, 2011).
O atual crescimento urbano da cidade de Bambey tem um impacto sobre os terrenos da cidade e sobre os terrenos periurbanos circundantes. A urbanização de Bambey deu origem a um mercado fundiário muito dinâmico. O forte crescimento demográfico da cidade faz com que os terrenos se tornem cada vez mais escassos. A corrida à procura de terrenos para habitação levou a que algumas comunidades agrícolas das comunas circundantes se envolvessem no mercado fundiário. Assim, o preço de um terreno varia atualmente entre 1 e 5 milhões de francos CFA. [2]No entanto, antes de 2005, um terreno de 300 m podia ser obtido por menos de 1 milhão (entrevista, 23 de agosto de 2022).
De acordo com os resultados do nosso inquérito, as transacções de terrenos na cidade de Bambey conheceram um desenvolvimento recente, com menos de 5 anos. Embora a compra e venda de terrenos exista na cidade há mais de 15 anos, o sector não tinha tido um crescimento tão grande e envolvia muito poucas pessoas. Mas, atualmente, a compra de terrenos está a aumentar e o preço quase duplicou, segundo o chefe do serviço técnico da Câmara Municipal (entrevista, 23 de agosto de 2022).
As necessidades de habitação excessivamente elevadas e o rápido crescimento da população fazem

com que o preço por metro quadrado e o custo de um lote urbanizado sejam exorbitantes. Segundo Ndiaye M., "*nos anos 2003-2008, o preço de um terreno urbanizado rondava os 200.000 a 300.000 francos CFA. Mas estes terrenos, que podiam ser obtidos a preços mais baixos, são agora vendidos por 7.000.000 a 8.000.000 francos CFA, porque as populações migrantes que vêm instalar-se na cidade, assim como os particulares, estão interessados no imobiliário*" (entrevista, 23 de agosto de 2022). Este aumento do preço dos terrenos explica-se, por um lado, pela escassez de terrenos na cidade. De facto, o centro urbano densamente povoado e a divisória entre a RN3 e a linha férrea, espaço não ocupado por ser considerado uma zona non aedificandi, uma vez que drena uma grande quantidade de águas pluviais, levam a que as pessoas se desloquem para a periferia da cidade. Por conseguinte, a procura de terrenos nesta zona é superior à oferta, o que conduz a um aumento do preço do metro quadrado.

O quadro seguinte mostra a evolução dos preços dos terrenos na cidade.

Quadro 8: Situação das transacções de terrenos na cidade de Bambey

Período	Preço de compra			Total
		1 por 5 milhão	5 a 10 milhões	
Menos 5 anos	0	10	1	**11**
5 a 10 anos	0	5	0	**5**
10 a 15 anos	5	1	0	**6**
Mais de 15 anos	4	0	0	**4**
Total	**9**	**16**	**1**	**26**

Fonte: Dados do inquérito, Gueye, outubro de 2022

O quadro mostra que 42% das compras de terrenos foram efectuadas há menos de 5 anos. Por outro lado, 61,54% dos lotes vendidos custam entre 1 e 5 milhões de euros. Quando o mercado formal de terrenos não consegue fornecer terrenos suficientes para satisfazer as necessidades da cidade, os preços dos terrenos sobem e um número crescente de pessoas deixa de poder comprar habitação ou terrenos. E quando os pobres não conseguem comprar terrenos nos mercados formais, voltam-se para os mercados informais (UN-Habitat, 2011).

Perante esta situação do mercado fundiário, é interessante analisar o perfil sócio-profissional dos intervenientes nas transacções fundiárias na cidade.

I.2.2 O preço dos lotes de terreno, um fator de segregação social

O preço elevado dos terrenos na cidade de Bambey e arredores faz com que nem todos os grupos socioprofissionais possam adquirir um terreno. De facto, a criação da universidade, que deu maior importância ao preço dos terrenos nos bairros circundantes, sugere que esta zona está reservada exclusivamente às classes sociais abastadas. A escassez de terrenos na comuna de Bambey faz com que as pessoas não tenham qualquer hipótese de obter um terreno a um preço mais baixo.

De acordo com os resultados do nosso inquérito, a maioria das aquisições de terrenos na cidade é efectuada por funcionários públicos e comerciantes. Mais de 30,8% dos terrenos adquiridos na cidade são propriedade de funcionários públicos, seguidos pelos comerciantes, que investem frequentemente em imóveis.

Mas o que mais chama a atenção é a presença de agricultores no mercado fundiário como compradores. De facto, os habitantes das zonas rurais circundantes compram terras para investir em propriedades e tornam-se proprietários no mercado de arrendamento. A percentagem de terrenos comprados por agricultores ultrapassa os 10%, atingindo os 11,5%. Este facto justifica a afirmação do chefe do departamento de urbanismo e habitação de Bambey, segundo a qual os habitantes das zonas rurais são os senhores do imobiliário (entrevista, outubro de 2022).

No entanto, outros estratos sociais obrigados a procurar um lugar para viver estão presentes no mercado fundiário. Estas categorias sociais, agrupadas na classe ou categoria "Outros", apesar de não disporem de grandes recursos financeiros, desempenham um papel importante na compra de terras. Esta classe "Outros" inclui os carpinteiros, os maconheiros, os mecânicos e outros que trabalham em sectores pouco conhecidos. Tal como os funcionários públicos, são responsáveis por 30,8% das compras de terrenos. Esta classe inclui também pessoas cuja atividade económica secundária é o sector imobiliário.

Quadro 9: Repartição das categorias sócio-profissionais dos compradores de terrenos

Perfil sócio-profissional	Percentagem
Agricultor	11,5
Retalhista	26,9
Funcionário público	30,8
Outros	30,8
Total	100

Fonte: Dados do inquérito, Gueye, outubro de 2022

A urbanização da cidade de Bambey teve vários impactos sobre o território. Trata-se, nomeadamente, do avanço da área urbanizada, da especulação fundiária marcada pelo custo elevado dos lotes e da valorização imobiliária. No entanto, a urbanização descontrolada, que ocupa muito espaço, é o fator determinante desta situação fundiária que, por sua vez, conduz a conflitos e litígios fundiários na cidade.

Capítulo II: Perspectivas de desenvolvimento da cidade de Bambey

Tendo em conta a dinâmica demográfica e económica atual da cidade, esta atingiu os seus limites territoriais. No entanto, a população continua a crescer e a necessidade de terrenos para habitação, infra-estruturas e equipamentos continua a ser um problema importante para as autoridades da cidade. Este capítulo analisa as perspectivas de desenvolvimento da cidade de Bambey para responder às suas necessidades, num contexto em que o seu plano diretor de desenvolvimento urbano acaba de chegar ao fim. Antes disso, porém, procedemos a uma análise das necessidades de terrenos para habitação, equipamentos e infra-estruturas.

II.1 Necessidades de terrenos para a cidade de Bambey

O ordenamento do território também depende das mudanças na sociedade e no espaço (DIOP D. e TIMERA A. S., 2018). É também, e sobretudo, uma espécie de planeamento a mais ou menos longo prazo que afecta todo o território. [33]Naturalmente, é necessária uma multiplicidade de decisões para reorganizar o território. O desenvolvimento de uma determinada área requer uma organização racional e hierárquica da distribuição espacial de instalações e infra-estruturas. Assim, de acordo com DIAKHATE M. M. (2011), o desenvolvimento é efectuado de acordo com os níveis de procura e a sua escala é proporcional às necessidades da população da zona em questão.

A acreditar no plano de desenvolvimento urbano de referência, as áreas a urbanizar na cidade de Bambey para o período de 2000 a 2010, com uma taxa de crescimento médio anual de 4,3% adoptada no âmbito da elaboração do PDU da cidade, deverão atingir uma população de 30 908 habitantes em 2005 e 38 172 em 2010. Esta situação demográfica urbana implica uma melhoria progressiva da situação económica atual, tanto do departamento como da cidade.

[34]Como resultado do Programa de Desenvolvimento Regional e Ordenamento do Território, a população da cidade aumentará de 25 047 em 2000 para 38 172 em 2010, representando uma população adicional de 13 125 pessoas. As estimativas das necessidades de terrenos para novas extensões baseiam-se nesta população adicional.

De acordo com o PDU da cidade de Bambey, com base numa densidade bruta de 40 habitantes/ha, será necessária uma superfície municipal de 1350 hectares para acolher 53 956 habitantes em 2021. Com base nestas estimativas, será necessário desenvolver 675 hectares suplementares (incluindo

[33] Sueur, 2012. Citado por DIOP D. e TIMERA A. S. (2018)

[34] Plano de desenvolvimento urbano de referência da cidade de Bambey

habitações e equipamentos) para apoiar a dinâmica demográfica e espacial da cidade. [2]Com base em 6 habitantes por parcela, que é inferior ao limiar nacional (10 habitantes por 150 m), o número de parcelas necessárias para acomodar adequadamente a população adicional é estimado em 4.500 parcelas. Estas necessidades actuais em termos de área habitacional podem ser satisfeitas por projectos de loteamento recentes, com uma capacidade de 1 426 lotes (DVF e Wakhaldiam).

Quadro 10: Estimativa das áreas a desenvolver até 2021 de acordo com o PDU de Bameby

	2001	2006	2011	2016	2021
População Total	26 993	32 357	38 337	44 993	53 956
População adicional		5 364	5 980	6 675	8 963
Necessidades de espaço (ha)	260ha (o perímetro oficial da cidade está em grande parte invadido) 920 ha (projeto de limites municipais)	134	149	167	225

Fonte: Bambey PDU para 2021

II.2 Necessidades de infra-estruturas e equipamentos da cidade

O peso demográfico atual da cidade é de 33.716 habitantes, segundo as projecções da ANSD para 2018, e de 38.239 habitantes em 2022. Estes números revelam uma população em constante crescimento. Consequentemente, as autoridades da cidade têm de tentar fazer face a esta situação, encontrando mecanismos para satisfazer as necessidades em termos de habitação, escolas, equipamentos de saúde e outras infra-estruturas socioculturais de base. As estimativas feitas com base nas projecções demográficas do PDU 2001 indicam que é necessário encontrar 24.625 hectares de terra para responder a estas necessidades. Esta superfície deveria ser dividida entre a construção de escolas, serviços de saúde, comércio e transportes.

O quadro seguinte apresenta as zonas previstas no PDU da cidade para 2021.

Quadro 11: Instalações e superfícies previstas no âmbito do PDU em 2021

EQUIPAMENTO	ÁREA EM HECTARES
Equipamento escolar	7,125 ha
Equipamento sanitário	10 ha
Equipamento comercial	0,2 ha
Instalações desportivas e socioculturais	7 ha
Material de transporte	0,3 ha

Fonte: PDU da cidade de Bambey a 1 horizonte 2021

O quadro mostra que mais de 40% da área destinada a instalações e infra-estruturas se destina a instalações de saúde. Este facto prova a necessidade real da cidade de reforçar os seus equipamentos médicos. A cidade de Bambey deveria dispor de um hospital dentro das normas, dada a sua importância no departamento e a sua área de influência.

Em termos de infra-estruturas, a rede rodoviária da cidade é constituída principalmente pela RN3 Dakar-Diourbel, que dá acesso ao exterior, e por estradas regionais como a RN3 e a RN32 (Fatick-Bambey-Meckhe), bem como pela estrada departamental D306 que conduz à comuna de Gawane. Toda esta rede rodoviária está ligada pela circular que circunda a cidade de Bambey.

A estrada não só assegura a ligação física e funcional entre os diferentes centros e bairros, como também facilita a ligação entre a cidade de Bambey e o seu interior, por um lado, e entre Bambey e o resto do seu território, por outro. Em função da sua importância, as estradas primárias terão um comprimento total de 40 metros. No entanto, pode ser tolerado um estreitamento nos locais onde o alargamento é praticamente impossível. Para além dos 5.500 metros lineares (ml) de estradas existentes e em bom estado, estão previstos 14.000 ml de novas estradas primárias para a rede periférica e a melhoria da asfaltagem, bem como o traçado de 6.230 ml de estradas primárias (RN32 e RN31 e a D306).

As estradas de hierarquia 2 e 3, que formam uma rede de diferentes partes do tecido urbano, fornecem ligações internas para a mobilidade interurbana. Para estas duas categorias de vias, estão previstos 11.537 ml de novas vias secundárias e 10.367 ml de vias terciárias, completados por 2.450 ml de vias terciárias reabilitadas. As vias da hierarquia 2 terão uma faixa de rodagem de 20 metros e serão completadas por estradas de serviço secundárias com uma faixa de rodagem de 10 a 15 metros. Trata-se essencialmente de estradas arenosas.

[35]A beneficiação dos diferentes cruzamentos e passagens de nível será acompanhada pela beneficiação da rede rodoviária.

II.3 Limitações à expansão da cidade de Bambey

Os planos de desenvolvimento para permitir a Bambey conter a população adicional depararam-se com numerosos constrangimentos. O plano diretor de desenvolvimento urbano da cidade, que devia estar concluído em 2021, chegou ao fim, ou mesmo ultrapassou-o, e até agora nada foi feito para alargar os limites municipais de Bambey, à exceção dos dois projectos de urbanização que deviam alargar os bairros DVF e Leona Nord em 2020.

Como documento base do planeamento urbanístico da cidade, o PDU, apesar de estar a terminar, merece ser atualizado, uma vez que as estimativas populacionais já não estão actualizadas e, consequentemente, as estimativas das necessidades de espaço habitacional também estão desactualizadas. A comparação entre as estimativas populacionais do PDU para 2021 e as estimativas da ANSD mostra claramente que a cidade ainda não está preparada para atingir os 50.000 habitantes em 2021 que o PDU previa. Em 2018, segundo as projecções da ANSD, a população da cidade era de 33 716 habitantes, passando para 38 239 em 2022. Este valor deverá ser ultrapassado se recuarmos às previsões do PDU, que já estimava a população da cidade em 44.993 habitantes em 2016.

A oposição das outras colectividades locais a todas as tentativas de incorporação dos seus terrenos na base fundiária municipal de Bambey deixa a cidade numa situação de incerteza a longo prazo. De facto, as autoridades municipais de Bambey apoiaram-se no decreto n.º 2011-1991 de 16 de dezembro de 2011 que altera e alarga os limites territoriais do município de Bambey, mas este decreto continua a ser contestado pelas autoridades municipais de Ngoye, Thiakhar, Ndangalma e Ngogom.

Atualmente, as perspectivas de desenvolvimento da cidade estão ultrapassadas, pois os constrangimentos jurídicos e socioculturais não permitem às autoridades municipais aplicar o decreto. Segundo o chefe do departamento de urbanismo e habitação de Bambey, a cooperação intercomunitária entre as quatro comunas vizinhas é a única forma de satisfazer as necessidades fundiárias actuais da cidade.

Atualmente, a situação da cidade de Bambey continua a ser alarmante e preocupante. Confrontada com o esgotamento dos seus limites comunais e com os inúmeros constrangimentos à sua expansão urbana, a cidade de Bambey está a tornar-se palco de disputas e conflitos fundiários. O aumento da população cria uma necessidade de habitação e de espaço para a construção de infra-estruturas de base e de equipamentos sociais para acompanhar o crescimento da cidade. Mas a cidade não tem capacidade para alojar a sua população se o Estado e as colectividades locais da cidade não fizerem nada.

Para responder às expectativas da sua população, Bambey vê-se, no entanto, na obrigação de encontrar uma solução para esta situação. Essa solução poderia ser intermunicipal.

II.4 Intermunicipalidade, a solução para um crescimento urbano controlado

A intermunicipalidade permite que as comunas se associem no seio de uma entidade pública, quer para prestar determinados serviços como a recolha de lixo, o saneamento, os transportes urbanos, etc.,

[35] PDU para a cidade de Bambey até 2021

quer para elaborar verdadeiros projectos de desenvolvimento económico, de ordenamento ou de urbanismo (definição do INSEE). Com base nesta definição, a cidade de Bambey teria mais oportunidades se pudesse associar-se às quatro comunas vizinhas de Ngoye, Thiakhar, Ngogom e Ndangalma para formar uma organização intercomunitária com o objetivo de controlar o seu crescimento urbano sustentado e satisfazer as necessidades de habitação da sua população em constante crescimento, para a qual as reservas fundiárias destas comunas vizinhas parecem ser as únicas capazes de colmatar tal carência. A maior parte das reservas fundiárias disponíveis nos arredores da cidade pertence às antigas comunidades rurais. Quanto à cidade de Bambey, é obrigada a permanecer nos seus limites comunais iniciais, já esgotados. O problema da desagregação administrativa dos distritos administrativos torna-se assim uma fonte de problemas. Assim, NGOM K. F. (2019) argumenta que os decretos de criação das colectividades se limitam a enumerar as aldeias anexas sem qualquer outro elemento de geolocalização. Por conseguinte, os limites territoriais entre as colectividades tornam-se pouco nítidos e colocam enormes problemas, na maioria das vezes entre comunas, ou entre antigas comunas rurais e comunas urbanas.

As comunidades rurais cuja base fundiária foi outrora utilizada como zona de extensão das comunas urbanas. É por isso que (NGOM K. F., 2019) afirma: "*As antigas comunidades rurais são o território natural para a extensão das grandes comunidades fronteiriças confinadas em limites territoriais apertados, a maioria das quais esgotou a sua base fundiária. O outro tipo de conflito direto é o que se estabelece entre as antigas comunidades rurais, a partir do momento em que uma delas manifesta uma necessidade ou toma uma decisão sobre uma parcela de terra próxima da fronteira*".

Atualmente, porém, desde a introdução do Ato III de descentralização, as grandes comunas urbanas, como Bambey, são confrontadas com problemas de expansão, uma vez que a sua superfície muito reduzida já foi ultrapassada e os terrenos das antigas comunidades rurais, que serviam de zona de expansão, tornaram-se um bem comercial ferozmente protegido. Assim, as comunidades rurais tornam-se hostis a qualquer ideia de ceder uma parte do seu território a outra coletividade local. [36]Assim, os conflitos intercomunitários abundam e generalizam-se a todo o país (NGOM K. F., 2019). Isto leva BA B. e BA R. (2021) a afirmar que os primeiros frutos do Ato III não são perceptíveis no domínio da organização dos territórios ou das unidades de base que devem apoiar a implementação das acções de desenvolvimento. O projeto inicial consistia em reenquadrar os limites territoriais para melhor enquadrar as dinâmicas que neles se desenvolvem e assegurar a coerência territorial. [37]Esta medida tardou a tomar forma e, entretanto, a imprecisão dos limites das comunidades rurais recentemente comunalizadas está a alimentar conflitos recorrentes entre comunidades vizinhas.

O crescimento demográfico sustentado da cidade e a sua atratividade fizeram com que esta continuasse a expandir-se espacialmente desde o seu nascimento. Hoje em dia, porém, é preciso dizer que a cidade está a ter problemas em conter a sua população, especialmente nos próximos anos. De facto, isto explica as tensões fundiárias que se manifestam na cidade desde há algum tempo.

A expansão da cidade provocou uma dualidade entre a cidade e as comunas vizinhas. Para resolver esta situação, as autoridades municipais devem reunir a cidade de Bambey e as quatro comunas vizinhas numa organização intermunicipal, a fim de controlar o crescimento urbano da cidade e evitar a insegurança fundiária em torno dos terrenos agrícolas circundantes.

No Senegal, a cooperação entre autarquias locais é anterior à lei n° 96-06 de 22 de março de 1996 relativa ao Código das Autarquias Locais. Na realidade, remonta a 1983, com a primeira tentativa de reunir as comunas de Dakar, Pikine e Rufisque (comuna urbana de Dakar criada pelo decreto n° 83-1131 de 29 de outubro de 1983) em torno de uma iniciativa de gestão dos resíduos. Em termos legislativos e regulamentares, a intermunicipalidade foi criada pela lei citada abaixo, na qual dois

---

[36] NGOM K. F., 2019. *Acte 3 : 4 plaies, 5ans apres !* consultado em 01 de janeiro de 2023 em https://.seneplus.com/opinions/acte-3-4-plaies-5ans-apres

[37] BA B. e BA R., julho de 2021. *Acte III de la decentralisation senegalaise : l'epreuve de la coherence territoriale et du developpement territorial,* consultado a 02 de janeiro de 2023 em http://ipar.sn/Acte-III-de-la-decentralisation-senegalaise-l-epreuve-de-la-coherence.html

artigos foram consagrados à possibilidade de as colectividades locais "empreenderem acções de cooperação entre si" (artigo 14), bem como à possibilidade de "realizarem programas de interesse comum" (artigo 15). Foi a partir desta data que as autarquias locais adquiriram capacidade jurídica para desenvolver acções de cooperação setorial no âmbito das suas competências em entidades inter-regionais (artigo 71°), agrupamentos mistos (artigos 74° e 75°), acordos intermunicipais (artigo 179°), comunidades urbanas (artigos 181° a 190°) e agrupamentos de interesse comunitário (artigos 239° e 240°).

No âmbito da Lei III da Descentralização, a Lei n.º 2013-10, de 28 de dezembro de 2013, relativa ao Código Geral das Autarquias Locais, estabelece o quadro jurídico da intermunicipalidade nas suas disposições relevantes, nos artigos 16.º, 17.º e 18.º, como forma de cooperação entre autarquias locais.

No âmbito do respeito pelo princípio da livre administração, o Estado garante e organiza o princípio da solidariedade entre as colectividades locais (artigos 279° e 283°, 285° e 291° do Código Geral das Autarquias Locais), que podem realizar programas de interesse comum com o Estado. Assim, em termos de disposições regulamentares e legais, a intermunicipalidade torna-se uma forma de organização e de governação conjunta baseada numa forte liderança dos executivos locais. Não se trata apenas de uma oportunidade a aproveitar, mas também de uma abordagem solidária e de um modo de gestão sustentável dos projectos estruturantes e dos recursos locais. Oferece um modelo típico de governação territorial de grande envergadura, com vista a assegurar uma resposta adequada aos problemas encontrados. Estes problemas incluem o esgotamento dos limites comunais iniciais das comunas urbanas afectadas por um crescimento demográfico significativo e por uma pressão fundiária extraordinária. Existem várias formas de intermunicipalidade. Mas a forma mais comum é a de associação. [38]As comunas reúnem-se em torno de um interesse comum e ficam vinculadas por um acordo por um período limitado.

[39]A intermunicipalidade baseia-se em seis (6) princípios sólidos para melhor garantir a independência das colectividades locais que tomam a iniciativa de se agruparem numa organização para gerir um problema comum. Estes princípios são os seguintes

O princípio da especialidade baseia-se numa dupla especialidade (formal e territorial). No que respeita à especialidade formal, o EPCI não dispõe de competências gerais. Tem apenas poderes de atribuição e intervém apenas nos domínios da sua competência. A especialidade territorial refere-se ao facto de a organização que agrupa as diferentes colectividades locais não poder atuar fora do seu território. Assim, o âmbito das competências ou das acções de um agrupamento é limitado ao território das autarquias locais que reúne.

O princípio da exclusividade refere-se ao facto de a transferência de competências para a estrutura intermunicipal por parte de um dos municípios membros implicar a renúncia deste último à responsabilidade pelas referidas competências. Neste caso, a estrutura intermunicipal passa a ser a única com poderes para atuar nos domínios de competência que lhe foram transferidos. Por outro lado, o princípio da exclusividade não impede a divisão de uma competência quando esta é divisível, mas não pode conduzir à divisão das operações de investimento e de exploração dentro da mesma competência.

Assim, quando um município abandona uma competência a um PICV, não pode decidir confiá-la a outro PICV sem primeiro a retirar ao PICV anterior.

Além disso, o princípio da exclusividade não exclui a repartição de competências quando tal se afigura adequado, mas tal não pode conduzir à separação das operações de investimento e de exploração no âmbito de uma mesma competência.

Assim, quando uma comuna cede uma responsabilidade à estrutura intermunicipal, não pode decidir confiá-la a outro EPCI sem a retirar previamente do EPCI anterior.

O princípio da reciprocidade e da solidariedade baseia-se no facto de a intermunicipalidade dever

[38] adl.sn/article/intercommunalite, jeudi, 06/08/2015, consultado em 01 de janeiro de 2023

[39] GRDR, Guide de l'intercommunalite, outubro de 2019. *L'intercommunalite, une reponse aux enjeux du développement local dans le bassin versant du fleuve du Senegal,* 98 p.

servir o interesse coletivo, o da população de todo o território intermunicipal e não o de uma só comuna ou de certos eleitos.

O princípio da igualdade de responsabilidade, ou seja, nenhuma comuna ou autarquia local pode estabelecer ou exercer uma tutela sobre outra.

O princípio da voluntariedade das comunas significa que, aquando da criação de uma estrutura intercomunitária, cada comuna deve decidir livremente se deseja ou não aderir. Não pode, portanto, ser forçada ou coagida a aderir à estrutura intercomunitária.

O princípio da subsidiariedade: neste caso, deve ser dada prioridade ao nível municipal enquanto o nível intermunicipal não puder atuar eficazmente. Para cada competência transferida, deve haver uma delimitação rigorosa e muito clara dos domínios de intervenção da instância intermunicipal. Por outras palavras, é necessário definir o que é do interesse comunitário e o que continua a ser da responsabilidade dos municípios membros.

São muitos os desafios associados à intermunicipalidade. É um remédio para a fragmentação do poder local e um instrumento para a organização racional dos territórios. A cooperação intermunicipal reúne os recursos dispersos e estrutura as iniciativas locais. Favorece o desenvolvimento económico local e revitaliza a política de ordenamento do território. É a criação de uma rede territorial que permite responder aos desafios colocados em matéria de ordenamento do território, quer se trate de problemas de desenvolvimento urbano ou de desvitalização das zonas rurais. É uma resposta pragmática aos problemas de gestão.

As competências exercidas pela communaute de communes incluem: o desenvolvimento económico; a proteção e a valorização do ambiente, o desenvolvimento sustentável (gestão dos resíduos, etc.), a política de habitação e de ambiente de vida, os equipamentos desportivos e culturais, os equipamentos de ensino primário e elementar, a ação social, o saneamento, o turismo, os transportes e os documentos urbanísticos.Apesar dos progressos registados em termos de quadro jurídico e regulamentar, deve dizer-se que a intermunicipalidade continua a ser marginal, tendo em conta os grandes constrangimentos que tem de enfrentar, nomeadamente

J A fragilidade e a falta de clareza do quadro organizacional e jurídico que rege e organiza as iniciativas intermunicipais;

A falta de apoio político à intermunicipalidade entre os representantes eleitos e os órgãos de decisão locais;

Falta de conhecimento e de compreensão dos desafios da intermunicipalidade;

A forte dependência técnica e financeira das colectividades locais;

A falta de dados estatísticos exactos sobre as autoridades locais e de instrumentos de planeamento adequados para as formas existentes de intermunicipalidade;

A falta de capacidade dos representantes eleitos e de outros actores locais para criar e implementar as intermunicipalidades.

Em termos gerais, a urbanização crescente da cidade é uma verdadeira fonte de problemas. O desenvolvimento urbano está a ganhar terreno e a morder as terras agrícolas das aldeias vizinhas, porque a cidade de Bambey já esgotou os seus limites comunais. Assim, as novas perspectivas de desenvolvimento da cidade são projectadas sobre as reservas fundiárias das comunas circundantes. Mas, atualmente, as suas antigas comunidades rurais são totalmente hostis a qualquer tentativa de transferência de uma parte das suas terras para a comuna urbana de Bambey. Em 2020, esta situação deu origem a tensões entre as colectividades locais envolvidas, na sequência do início de projectos de construção de habitações pela cidade de Bambey em terrenos agrícolas situados na periferia da cidade. No entanto, convém notar que o problema mais importante é o da indefinição dos limites territoriais, difícil de compreender no terreno porque é difícil ver onde terminam os limites de uma ou outra coletividade local. Assim, surgem tensões e projectos de desenvolvimento bloqueados. Além disso, é preciso notar que os conflitos fundiários na cidade opõem também os habitantes ao município, com as práticas consuetudinárias a imporem a lei em alguns destes bairros, vulgarmente conhecidos como "*Baay Deuk*". Perante esta situação, todas as tentativas da cidade de Bambey para melhorar a situação são vãs, e a solução para este problema parece ser a intermunicipalidade, apesar de as autoridades locais da cidade ainda não terem dado qualquer passo nesse sentido. Resta agora saber se os eleitos locais das comunas vizinhas da cidade e os da cidade de Bambey conseguirão, no futuro, criar uma estrutura deste tipo que assegure uma organização territorial coerente, um desenvolvimento urbano controlado e uma gestão sustentável do território em benefício da população local.

A estreiteza do limite municipal da cidade e o seu crescimento demográfico significativo desde 1976 fazem com que, atualmente, a cidade tenha atingido os limites do seu limite municipal inicial e esteja a transbordar em todas as direcções, mordiscando as terras agrícolas circundantes nos arredores da cidade. Perante esta situação, a questão fundiária está a tornar-se um problema importante para as colectividades locais. Mas o que está em jogo quando se trata de terras é diferente, consoante a natureza e a situação destas regiões do Estado. Se o desafio para a comuna de Bambey, na sequência do decreto de 2011 que altera e alarga os limites territoriais da comuna de Bambey, era o de ganhar reservas fundiárias e de fornecer alojamento à sua população em constante crescimento, para as antigas comunidades rurais de Ngoye, Ndangalma, Ngogom e Thiakhar, o desafio é o de proteger as terras das suas populações, que sustentam as actividades económicas, nomeadamente a agricultura. Para além destas questões, que variam de comuna para comuna, as antigas comunidades rurais continuam determinadas em contrariar o decreto que as privaria de uma parte das suas terras, que constituem também uma importante fonte de financiamento das colectividades locais, com as taxas de demarcação e os impostos que incidem sobre as terras.

CONCLUSÃO GERAL

A cidade de Bambey começou a formar-se a partir das aldeias por volta de 1986, tendo-lhe sido atribuído o estatuto de município em 1958. Assim, desde os anos 60, a cidade continua a receber fluxos de pessoas devido à sua posição geográfica, mas também à sua atratividade e, consequentemente, ao desenvolvimento de equipamentos na cidade.

Única comuna urbana de todo um departamento com o mesmo nome, a cidade de Bambey exerce um poder de comando sobre o resto do departamento. Este facto justifica-se pelas funções políticas, administrativas e económicas da cidade que, por sua vez, influenciam o seu dinamismo. Cidade dinâmica desde o início, foi nos anos 70, período de seca, de fome, de miséria e de fome, que a cidade conheceu os primeiros grandes fluxos de população da sua história. Nessa época, o campo era repulsivo e inabitável devido às difíceis condições de vida, agravadas pelos baixos rendimentos agrícolas, atividade económica de base do mundo rural e fonte de rendimento dos habitantes das zonas rurais. Por conseguinte, a cidade está a tornar-se o centro de recusa por excelência, devido às múltiplas oportunidades que oferece à sua população. Estas incluem a educação, o emprego e o bem-estar. Por conseguinte, Bameby está a tornar-se o local preferido dos habitantes das zonas rurais, sob o famoso conceito de êxodo rural. Este acréscimo de população, associado ao crescimento demográfico sustentado da cidade nos últimos quatro recenseamentos da população, faz com que Bameby se tenha tornado o local de eleição das pessoas provenientes das zonas rurais, segundo o famoso conceito de êxodo rural. Por exemplo, de 16.268 habitantes em 1988 (RGPH, 1988) a 20.366 habitantes em 2002 (RGPH, 2002), ou seja, uma população adicional de 4.098 habitantes, depois uma população de 28.908 habitantes aquando do último recenseamento em 2013, ou seja, um aumento de 8.542 habitantes ou o dobro da população adicional de 2002, a cidade de Bambey viu então o seu desenvolvimento espacial tornar-se cada vez mais significativo até aos anos 2005. De facto, foi nos anos 2004-2005 que o CUR se instalou na cidade. O CUR, que se tornou a Universidade Alioune Diop de Bambey em 2007, é um verdadeiro fator de urbanização. Por conseguinte, o desenvolvimento espacial da cidade está sujeito a um crescimento demográfico significativo e ao desenvolvimento de infra-estruturas e equipamentos como o centro de saúde e o mercado central da cidade. Este último é um dos pontos estruturantes das relações cidade-campo entre Bambey e as aldeias vizinhas. Com efeito, o mercado central da cidade é o maior de todo o departamento. A existência de um mercado semanal de gado que atrai todos os comerciantes dos mercados de Dahra, em Linguere, e de Mbafaye, no departamento de Mbour, entre outros, faz com que a cidade deva muito do seu dinamismo a este mercado. No final da estação das chuvas, é o ponto de escoamento das colheitas dos agricultores das comunas do departamento. De todos os factores que alimentam o dinamismo económico e o desenvolvimento da cidade, um destaca-se como o mais importante. É a universidade. Como ponto de concentração de uma população humana, é um fator determinante do crescimento urbano ou da expansão urbana. Antes da sua construção, as zonas periféricas da cidade eram muito acessíveis para as necessidades de habitação, mas, desde 2009, a especulação fundiária é extremamente elevada, o que, por sua vez, conduziu à insegurança fundiária e ao aumento do preço dos lotes. O elevado custo dos terrenos na cidade, ou mesmo nas zonas periféricas, deve-se, por um lado, ao esgotamento dos limites municipais da cidade e, por outro, à falta de controlo do mercado fundiário por parte das autoridades.

Esta situação dá origem a conflitos fundiários recorrentes que envolvem um vasto leque de actores. Existem dois tipos de conflitos fundiários, consoante os actores envolvidos. Em primeiro lugar, os conflitos fundiários entre diferentes colectividades locais (a cidade de Bambey e as comunas vizinhas). Esta categoria de conflito ou de problema fundiário resulta de uma divisão administrativa muito contígua, na qual é difícil compreender os limites territoriais das colectividades locais, mas também de iniciativas políticas das colectividades locais. Este tipo de problema foi constatado na cidade em 2020, quando as autoridades municipais quiseram lotear terrenos na periferia da cidade, e as antigas comunidades rurais de Ngoye e Thiakhar, que eram as principais interessadas, manifestaram uma oposição clara a estes projectos. Note-se, no entanto, que os projectos de loteamento que o município de Bambey pretendia iniciar diziam respeito a terrenos que tinham sido incluídos na base fundiária da cidade na sequência do decreto n.º 2011-1991 de 16 de dezembro de 2011, que alargou os limites territoriais da cidade. No entanto, o principal argumento invocado pelas autoridades municipais das outras comunas era o facto de o decreto não ter sido publicado no jornal oficial e, por conseguinte, não ser oponível a terceiros.

Perante estas situações problemáticas, parece necessário concentrar-se no essencial para o bem de todas as colectividades locais numa organização associativa ou cooperativa no âmbito da intermunicipalidade para uma organização territorial coerente e um desenvolvimento urbano harmonioso. Atualmente, a cidade de Bambey e as outras comunas enfrentam um número crescente de problemas, e os desafios são cada vez maiores em termos de gestão do território. Se as colectividades locais da cidade devem tomar iniciativas para responder às necessidades fundiárias necessárias ao crescimento da cidade, as colectividades locais das antigas comunidades rurais encontram-se numa posição forte que pretendem consolidar, assegurando o seu território. A outra questão aqui é que os terrenos se tornaram uma importante fonte de financiamento para as autoridades locais no contexto do imposto predial, e nenhuma autoridade local quer ver-se privada de um recurso de financiamento tão importante.

Para chegar a estes resultados, recorremos à documentação no nosso trabalho, a fim de conhecer a dinâmica dos espaços urbanos e a problemática do solo urbano. Este estudo exigiu também uma metodologia e, no âmbito do trabalho de campo, estabelecemos uma amostra com base no número de agregados familiares em cada bairro da cidade. Assim, seleccionámos uma amostra de 2% proporcionalmente ao número de agregados familiares em cada bairro.

Os diferentes instrumentos utilizados neste estudo permitiram atingir os objectivos e confirmar as hipóteses iniciais, respondendo simultaneamente às questões de investigação.

A nossa primeira hipótese foi confirmada, uma vez que a dinâmica urbana da cidade de Bambey está sujeita ao crescimento demográfico e ao desenvolvimento de equipamentos na cidade. Esta é a principal causa da expansão espacial da cidade e, por conseguinte, do esgotamento do seu perímetro urbano.

De acordo com os resultados da investigação, após a colocação da questão, é seguro assumir que o crescimento urbano da cidade de Bambey deu origem a múltiplos problemas fundiários. Esta situação conduziu a uma falta de controlo do mercado fundiário, a um aumento da especulação fundiária e a conflitos fundiários devido aos diferentes interesses defendidos pelas colectividades locais. Os resultados desta investigação confirmam a nossa segunda hipótese. Estes problemas fundiários dão origem a conflitos fundiários entre os municípios e entre estes e a população local. Esta situação dificulta a gestão do território, uma vez que os interesses de uns são diferentes dos de outros.

No final da última hipótese, que consistia em analisar os impactos da dinâmica espacial da cidade sobre o solo periurbano, podemos constatar que o crescimento urbano tem muitos impactos sobre o solo. Entre eles, a perda de terrenos agrícolas, o aumento do preço dos terrenos, o aumento dos custos de aluguer e dos valores de aluguer, bem como os conflitos fundiários. Tudo isto mostra o impacto da dinâmica espacial da cidade de Bambey sobre os solos das comunas circundantes. Assim, é fácil constatar que o recrudescimento dos conflitos fundiários na região se deve, em grande parte, ao crescimento urbano da cidade de Bambey, que se tornou uma cidade de grilagem de terras.

Em resumo, apresentámos os diferentes aspectos da dinâmica espacial da cidade de Bambey e as consequências desta evolução espacial. Consciente das potenciais lacunas deste estudo, ele merece ser alargado e aberto a outras áreas urbanas no futuro.

BIBLIOGRAFIA

Obras gerais e específicas

- BAILLY A. e BEGUIN H., 2016. *Introduction a la geographie humaine,* Paris, Armand Colin, 9 edição, 240 p.
- BAILLY A., 1998. *Les concepts de la geographie humaine,* Paris, Armand Colin, 4 edição, 333 p.
- BANZO M., BOUJU S. et al. 2000. *Introduction a la geographie,* Hachette, 190 p.
- Beaujeu-Garnier J., 1997. *Geographie urbaine*, Paris, Armand Colin, 5 edição, 349 p.
- BRUNET R. et al, 2005. *Les mots de la geographie, dictionnaire critique,* Reclus-La Documentation Fran^aise, 3 edição, 518 p.
- BURGEL G., 2017. *Questions urbaines,* Paris, Editions de l'Aube, 144 p.
- CHALEARD J. L. e DUBRESSON A., 1999. *Villes et campagnes dans les pays du Sud*, Editions Karthala, 258 p.
- CIATTONI A. e VEYRET Y., 2013. *Les fondamentaux de la geographie*, Paris, Armand Colin, 318 p.
- DERRUAU M., 2002. *Geographie humaine,* Paris, Armand Colin, 8 edição, 448 p.
- DIAKHATE M. M., 2011. *L'amenagement du territoire au Senegal: Principes, pratiques et devoirs pour le XXIe siecle,* Paris, L'Harmattan, 251 p.
- DIOP D. e TIMERA A. S., 2018. *Diamniadio: Naissance d'une nouvelle ville: enjeux et defis d'une gouvernance durable*, Dakar, L'Harmattan-Senegal, 228 p.
- DIOP D., 2012. *Urbanisation et gestion du foncier urbain a Dakar, Defis et perspectives,* Dakar, L'Harmattan-Senegal, 319 p.
- FALL A. S., GUEYE C. et al, 2005. *Urbain-rural, l'hybridation en marche*, Dakar, Enda Tiers-monde, 480 p.
- LE BRIS E. et al, 1982, *Enjeux fonciers en Afrique Noire*, Paris, Karthala, 431 p.
- LEFEBVRE H., 1970. *Du rural a I'urbain*, Paris, Antropos, 287 p.
- MANGA C. T., (sob a direção de), 2012. *Le Senegal, quelles evolutions territoriales,* Paris, L'Harmattan, 308 p.
- MBAYE I., (ed.), 2018. *La recomposition des espaces urbain et periurbain face aux changements climatiques en Afrique de l'Ouest,* Dakar, L'Harmattan-Senegal, 300 p.
- MERLIN P. e CHOAY F., 1998. *Dictionnaire de l'urbanisme et de l'amenagement*, Presse universitaire de France, 2 edição, 863 p.
- OSMONT A., 1995. *La banque mondiale et les villes, du developpementa I'ajustement,* Paris Karthala, 309 p.
- PAULET J. P., 2006. *Geographie urbaine,* Paris, Armand Colin, 342 p.
- PAULET J. P., 2009. *Manuel de geographie urbaine,* Paris, Armand Colin, 300 p.
- RAYNAUD M. M., DIOP D. et al., 2013. *Repenser les moyens d'une securisation fonciere urbaine. Le cas de l'Afrique francophone,* Canadá, Service d'Impression de I'Universite de Montreal (SIUM), 223 p.
- TEULON F., (ed.), 2010. *Dictionnaire d'histoire, economie, finance, geographie*, Presses Universitaires de France - PUF, 6 edição, 752 p.

Estas, dissertações e artigos científicos

- BA A., 2015. *Dynamique d'urbanisation de la ville de Thies,* tese de mestrado em geografia, Universite Cheikh Anta Diop de Dakar, 68 p.
- CASSE L. O., 2010. *La production fonciere et immobiliere dans les quartiers péripheriques de Mbour,* tese de mestrado em geografia, Universidade Cheikh Anta Diop, Dakar, 147 p.
- CASSE L. O., 2017. *Les filieres foncieres et immobilieres : de la production a l'usage sur le littoral Somone-Mbour de la petite cote senegalais,* tese de doutoramento em geografia, Universite Cheikh Anta Diop de Dakar, 468 p.

- CLAVEL M., 2018. *L'amelioration de la gouvernance fonciere dans la zone d'amenagement hydro-agricole de la vallee du fleuve Senegal : Une contribution par l'analyse de genre,* tese de mestrado, Universite Toulouse Jean Jaures, 107 p.
- DIENG A., 2018. *L'impact sur les terres agricoles dans la commune de Sindia,* tese de mestrado em geografia, Universite Cheikh Anta Diop de Dakar, 70 p.
- DIOP A., 2005. *Ville et amenagement du territoire au Senegal,* tese de doutoramento em geografia, Universidade Cheikh Anta Diop, 400 p.
- FAYE A., 2013. *Migration internationale et urbanisation : l'apport des emigres dans le développement de la ville de Bambey,* tese de mestrado em geografia, Universite Cheikh Anta Diop de Dakar, 102 p.
- FAYE M., 2014. *L'implantation de l'universite Alioune de Bambey comme facteur d'urbanisation*, tese de mestrado em geografia, Universite Cheikh Anta Diop de Dakar, 85 p.
- FAYE S., 2018. *Dynamique spatiale et les enjeux de l'amenagement du territoire : cas de la ville de Bambey,* tese de mestrado em geografia, Universite Cheikh Anta Diop de Dakar, 110 p.
- MBOW D., 2014. *Croissance urbaine et enjeux fonciers a Dakar : cas du titre foncier 1975/R Bambilor,* tese de mestrado em geografia, Universite Cheikh Anta Diop, 82 p.
- NDIAYE E. M., 2013. *Le secteur des transports urbains a Dakar : Problematique de la gestion des gares routieres et de la mobilite urbaine,* tese de doutoramento em geografia, Universite Cheikh Anta Diop de Dakar, 517 p.
- NIANG F., 2020. *Mutations urbaines, dynamiques sociodemographiques et modernisation a Dakar : vers une transition des modes de déplacements,* tese de mestrado em planeamento e desenvolvimento urbano, Ecole d'Urbanisme de Paris, 131 p.
- ORFEUIL J-P., 2010. "Mobilidade e problemas de deslocação nas cidades do mundo", *Hors-Series*, n°447 : pp. 68
- OUATTARA S., 2007. *Les enjeux fonciers : les stratégies de preservation et d'appropriation dans le département de Diebougou (Province de la Bougouriba) Burkina Faso ?* Tese de doutoramento em sociologia, Universidade Cheikh Anta Diop de Dakar, 324 p.
- RAYMOND J. e CHALINE C., 1983. "La dynamique urbaine", *Annales de Geographies,* n°514 : pp. 712 - 714.
- TINE M. L., 2016. *Eaux et assainissements dans la commune de Bambey,* tese de mestrado em geografia, Universite Cheikh Anta Diop de Dakar, 127 p.
- WADE C. S., 1995, *Saint-Louis: la crise de sa croissance urbaine recente,* tese de doutoramento em geografia, Universidade Cheikh Anta Diop, Dakar, 274 p.

Documentos oficiais

- ANSD, 2008. *Situação económica e social da região de Diourbel 2008,* 147 p.
- ANSD, 2013. *RGPHAE,* 67 p.
- ANSD, 2013. *Relatório definitivo RGPHAE* 2013, 418 p.
- ANSD, 2014. *Situação económica e social regional 2014,* 209 p.
- ANSD, 2015. *Situação económica e social regional 2012,* 205 p.
- ANSD, 2016. *Situação económica e social do Senegal 2016,* 2010 p.
- ANSD, agosto de 2006. *Situação económica e social da região de Diourbel 2005,* 72 p.
- ANSD, agosto de 2011. *Situação económica e social regional de Diourbel 2010,* 193 p.
- ANSD, abril de 2015, *Situation economique et sociale regionale 2013,*
- ANSD, março de 2019. *Situação económica e social regional de Diourbel 2016,* 210 p.
- ANSD, setembro de 2018. *Situação económica e social da região de Diourbel 2015,* 201 p.
- ANSD, setembro de 2021. *Situação económica e social regional de Diourbel 2019,* 152 p.
- Banco Mundial, 2015. *Villes emergentes pour un Senegal emergent,* 126 p.
- DPS, setembro de 1992. *RGPH,* relatório regional Diourbel, 69 p.
- IPAR, dezembro de 2010 *Workshop sobre a gestão das terras no Senegal: questões, situação atual e debates,* 42 p.

- IPAR, dezembro de 2019. *Brochura de informação sobre : Les procedures d'acces et les droits d'usage sur les terres des domaines nationales et de l'Etat,* 34 p.
- MINISTERE DE L'INTERIEUR, 2022. *Cartografia dos conflitos fundiários comunitários no Senegal,* 107 p.
- MINISTÉRIO DA SAÚDE E DA ACÇÃO SOCIAL, 2019. *Tome 5 de la carte sanitaire : Etat des lieux de l'offre de soins de sante et besoins globaux,* 398 p.
- OECD/CSAO, 2020. *Dynamiques de l'urbanisation africaine 2020 : Africapolis, a new urban geography, West Africa Papers,* OECD Publishing, Paris, https://doi.org/10.1787/481c7f49-fr., 208 p.
- ONU-HABITAT, 2011. *Housing the poor in African cities,* 51 p.
- Plano de desenvolvimento urbano de referência da cidade de Bambey
- Plano Diretor Urbano da Cidade de Bambey Horizonte 2021, 41 p.
- Plano Nacional de Ordenamento e Desenvolvimento Territorial horizonte 2035, junho de 2020
- Serviço Regional da Estatística e da Demografia de Diourbel, 2016. *Situação económica e social regional*, ANSD, 210 p.

APÊNDICES

Leis e decretos

- Decreto n.º 64-573, de 30 de julho de 1964, que fixa as condições de aplicação da lei n.º 64-46, de 11 de junho de 1964, relativa ao Domaine National (património nacional francês)
- Decreto n.º 72-1288, de 27 de outubro de 1972, relativo às condições de atribuição e de desafetação das terras do domínio nacional incluídas nas comunidades rurais alteradas
- Decreto n.º 2009-1450, de 30 de dezembro de 2009, relativo à parte regulamentar do código do urbanismo
- Lei n°64-46 de 17 de junho de 1964 relativa ao património nacional
- Lei n°76-66 de 2 de julho de 1976 relativa ao Código do Património do Estado
- Lei n.º 96-06 de 22 de março de 1996 sobre o Código das Autarquias Locais
- Lei n.º 2008-43, de 20 de agosto de 2008, relativa ao código do urbanismo
- Lei n°2011-07 de 30 de março de 2011 relativa ao regime de propriedade fundiária
- Lei n°2013-10 de 28 de dezembro de 2013 sobre o Código Geral das Autarquias Locais

Questionário do inquérito aos chefes de família

I. IDENTIFICAÇÃO DO AGREGADO FAMILIAR:

I. IDENTIFICATION DU MENAGE:

Localisation:

latitude (x.y °)

longitude (x.y °)

altitude (m)

précision (m)

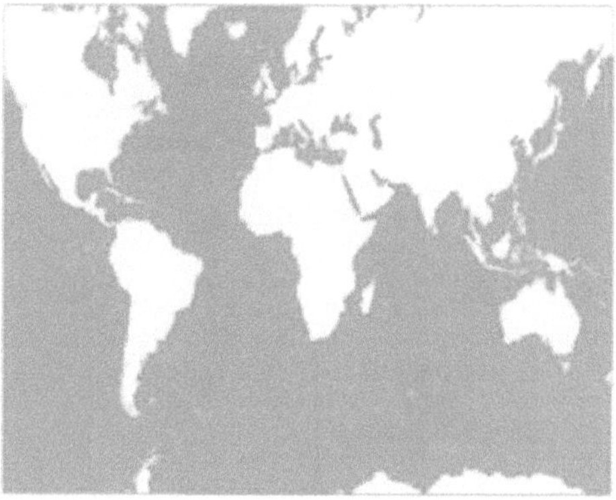

Nom:

Sexe:

- ◯ Masculin
- ◯ Féminin

Âge:

- ◯ 30 - 40 ans
- ◯ 40 - 50 ans
- ◯ 50 - 60 ans
- ◯ Plus de 60 ans

Profession:

- ◯ Agriculteur
- ◯ Commerçant
- ◯ Fonctionnaire
- ◯ Autres

Si "Autres", à préciser:

Avez-vous une activité économique secondaire?

- ◯ OUI
- ◯ NON

Si "OUI", à préciser:

____

Quartiers?

- ◯ DVF
- ◯ Wakhaldiam
- ◯ Léona Nord
- ◯ Léona Sud

Depuis combien d'années vous habitez dans ce quartier?

- ◯ Moins 5 ans
- ◯ 5 - 10 ans
- ◯ 10 - 15 ans
- ◯ Plus de 15 ans

Type de logement?

- ◯ Case
- ◯ Baraque
- ◯ Maison à basse
- ◯ Maison étage
- ◯ Immeuble
- ◯ Autres

Si "Autres", à préciser:

____

Mode d'acquisition du logement?

- ◯ Délibération de la mairie
- ◯ Achat
- ◯ Location
- ◯ Location/Vente
- ◯ Autres

Si "Autres", à préciser:

____

Statut d'occupation?

- ◯ Propriétaire
- ◯ Locataire
- ◯ Autres

Si "Autres", à préciser:

II. INFRASTRUCTURES ET EQUIPEMENTS:

Disposez-vous d'une structure de santé dans le quartier?

- ◯ OUI
- ◯ NON

Si "OUI", de quel type?

- Centre de santé
- Poste de santé
- Case de santé
- Maternité
- Autres

Disposez-vous d'un établissement scolaire dans le quartier?

- ◯ OUI
- ◯ NON

Si "OUI", de quel type?

- Crèche
- Garderie
- Elémentaire
- Moyen
- Secondaire

III. DYNAMIQUE URBAINE ET ENJEUX FONCIERS:

Pensez-vous que la ville de Bambey se développement spatialement?

- ◯ OUI
- ◯ NON

Si "OUI", quelles sont les raisons?

- [ ] Croissance démographique rapide
- [ ] Implantation de l'UADB
- [ ] Position carrefour
- [ ] Autoroute Ila Touba
- [ ] RN3

Quels sont les effets de l'étalement urbain de la ville de Bambey sur les terres agricoles?

- [ ] Diminution des supercifies agricoles
- [ ] Baisse des rendements agricoles
- [ ] Spéculations foncières
- [ ] Conflits fonciers
- [ ] Autres

Si "Autres", à préciser:

____

Avez-vous acheté des terres ces dernières années?

○ OUI

○ NON

Si "OUI", il y a de cela combien d'années?

○ Moins 5 ans

○ 5 - 10 ans

○ 10 - 15 ans

○ Plus de 15 ans

Si "OUI", combien s'élève le prix?

○ Moins 1 million

○ 1 - 5 millions

○ 5 - 10 millions

○ Plus de 10 millions

Avez-vous vendu des terres ces dernières années?

○ OUI

○ NON

Si "OUI", il y a de cela combien d'années?

Moins 5 ans

5 -10 ans

10 - 15 ans

Plus de 15 ans

Si "OUI", à combien s'élève le prix?

Moins 1 million

1 - 5 millions

5 - 10 millions

Plus de 10 millions

Êtes-vous une fois confrontés à des litiges fonciers?

- ◯ OUI
- ◯ NON

Si "OUI", il y a combien d'années?

Moins 5 ans

5 - 10 ans

10 - 15 ans

Plus de 15 ans

Si "OUI", contre qui?

La mairie

Un privé

Un autochtone

Autres

Si "Autres", à préciser:

____

Comment vous voyez les impacts de l'UADB sur la ville de Bambey?

- ◯ Très négatifs
- ◯ Négatifs
- ◯ Très positifs
- ◯ Positifs
- ◯ Sans avis

Quelles sont les conséquences de l'implantation de l'UADB sur le foncier?

- [ ] Hausse des prix de la parcelle
- [ ] Spéculations foncières
- [ ] Pression sur le foncier agricole
- [ ] Perte d'espaces de cultures
- [ ] Conflits fonciers
- [ ] Autres

Si "Autres", à préciser:

____

Quelles sont les difficultés que vous pose l'implantation de l'UADB dans la ville de Bambey?

____

Quelles sont vos recommandations pour faire face à ces problèmes et que la ville de Bambey puisse profiter d'avantage des opportunités qu'offre l'UADB?

____

IV. MOBILITE ET TRANSPORT:

____

Quels sont les moyens de transport que vous utilisez fréquemment pour vos déplacements dans la ville?

- [ ] Charrette
- [ ] Moto
- [ ] Voiture
- [ ] Autres

Si "Autres", à préciser:

____

Comment vous voyez l'offre de transport dans la ville?

- ○ Très mauvais
- ○ Mauvais
- ○ Acceptable
- ○ Bien
- ○ Très bien
- ○ Sans avis

Quelles sont les difficultés que vous rencontrez en termes de mobilité?

____

Quelles solutions préconisez-vous pour améliorer ce secteur dans la ville?

____

V. ASSAINISSEMENT ET GESTION DES DECHETS:

Êtes-vous confrontés à des problèmes d'inondations?

- ◯ OUI
- ◯ NON

Existe-t-il un réseau d'assainissement dans le quartier?

- ◯ OUI
- ◯ NON

Êtes-vous confrontés à un problème de gestion des ordures ménagères?

- ◯ OUI
- ◯ NON

Existe-t-il un système de ramassage des ordures ménagères mise en place par la municipalité?

- ◯ OUI
- ◯ NON

Si "OUI", à préciser:

Si "NON", comment vous gérer ces ordures?

Quelles sont vos suggestions pour améliorer la gestion des ordures ménagères dans la ville?

Phots:

Cliquez ici pour téléverser un fichier. (< 5MB)

Guias de entrevista

Guião da entrevista ao chefe do serviço técnico da Câmara Municipal de Bambey:

1. Há quantos anos exerce esta função?
2. Em que ano foi fundada a cidade de Bambey?
3. Quantos bairros havia na cidade?
4. Quantos bairros tem atualmente a cidade?
5. Em que ano foram criados estes novos distritos e porquê?
6. Qual é a dimensão da população de Bambey?
7. Como é que esta população se distribui pela cidade?
8. Qual é o bairro mais densamente povoado e porque é que é tão densamente povoado?
9. Qual é o bairro com a densidade populacional mais baixa e porquê?
10. Qual era a superfície da cidade de Bambey antes do ano 2000?
11. Qual é a dimensão da cidade atualmente?
12. Quais são os sectores de atividade da cidade?
13. Qual é o seu principal sector de atividade?
14. Quais são as principais instalações da Bambey?
15. Como é que estes equipamentos contribuem para o crescimento da cidade?
16. Porque é que a superfície da cidade aumentou?
17. Para onde se dirige a expansão espacial da cidade?
18. Como caracterizaria a atual expansão urbana da cidade?
19. Quais são as consequências da expansão urbana da cidade sobre os terrenos das comunas circundantes?
20. Existem projectos de desenvolvimento habitacional já concluídos ou em curso?
21. Quantos hectares estão em causa e quantas parcelas estão planeadas?
22. Este terreno deve ser urbanizado dentro dos limites municipais de Bambey?
23. Qual é a comuna mais afetada pela expansão urbana na cidade de Bambey?
24. Em que se baseava o projeto de alargamento dos limites territoriais da cidade?
25. Como é que os municípios vizinhos reagiram a este projeto de alargamento dos limites da cidade?
26. Existem litígios fundiários provocados por este projeto de extensão da cidade?
27. Quem são os diferentes intervenientes nestes conflitos de terras?
28. Como é que se gerem estes conflitos de terras?
29. Que papel desempenha a UADB na especulação fundiária?
30. O que explica o aumento do preço dos lotes na cidade?
31. Quais são os problemas em termos de mobilidade e de transportes na cidade?
32. Quais são as suas recomendações para o desenvolvimento dos transportes na cidade?
33. Quais são os problemas de saneamento na cidade de Bambey?
34. Que políticas de gestão de resíduos estão em vigor na cidade?
35. Quais são as suas recomendações para uma melhor gestão dos resíduos na cidade?

Guião da entrevista com o Chefe do Departamento de Urbanismo e Habitação de Bambey

1. A organização espacial da cidade de Bambey?
2. Situação dos terrenos na cidade de Bambey ?
3. A superfície atual da cidade de Bambey?
4. Quais são as diferentes fases do processo de urbanização da cidade?
5. Que papel desempenha a universidade no crescimento urbano da cidade?
6. Quais são as consequências da implantação da UABD na cidade de Bambey para o mercado fundiário?
7. Que impacto tem a expansão urbana nas terras agrícolas das aldeias vizinhas?
8. Quais são os factores que impulsionam o crescimento urbano na cidade?
9. Os problemas de saneamento da cidade?
10. Gestão de resíduos?

11. Tendo em conta o rápido crescimento demográfico da cidade, quais são as necessidades em termos de espaço para a construção de instalações e infra-estruturas, bem como de espaço residencial?
12. Quais são as restrições a estes projectos futuristas?
13. O recrudescimento dos conflitos fundiários na cidade: quais são as causas?
14. Quem são os diferentes actores envolvidos na gestão do território do município?
15. Existem documentos (instrumentos) para controlar o crescimento urbano da cidade?
16. Qual é o papel do serviço de planeamento urbano no desenvolvimento urbano e na gestão do território da cidade?

Guia de entrevista para membros da sociedade civil :

1. Quais são os factores que estão na origem do desenvolvimento espacial da cidade?
2. Como é que vê os efeitos da presença da UADB na cidade?
3. Quais são os problemas fundiários da cidade?
4. O que é que está na origem destes conflitos de terras na cidade?
5. O que pensa das famílias que vivem em bairros informais?
6. Qual é o vosso papel enquanto movimento de defesa da terra de Bambey?
7. Que estratégias foram adoptadas para fazer face a estes problemas fundiários?
8. Qual é o papel e o lugar do município nesta insegurança fundiária?
9. O que propõe como solução para reduzir os conflitos fundiários na cidade?

Mapa 10: Localização dos agregados familiares inquiridos

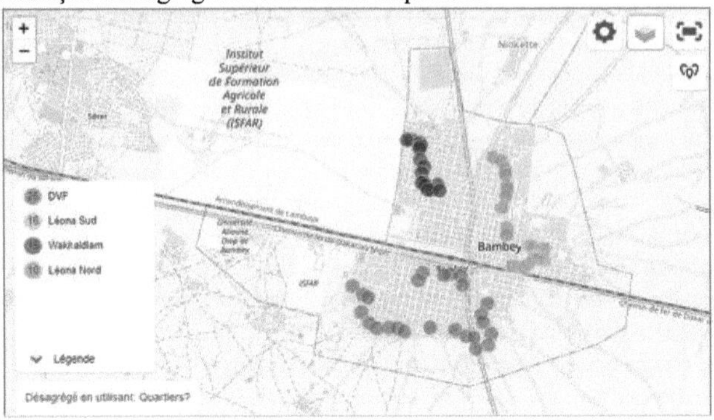

Fonte: OSM, Kobotoolbox, dados do inquérito Guèye 2022 **Figura 14:** Proporção de inquiridos por grupo etário

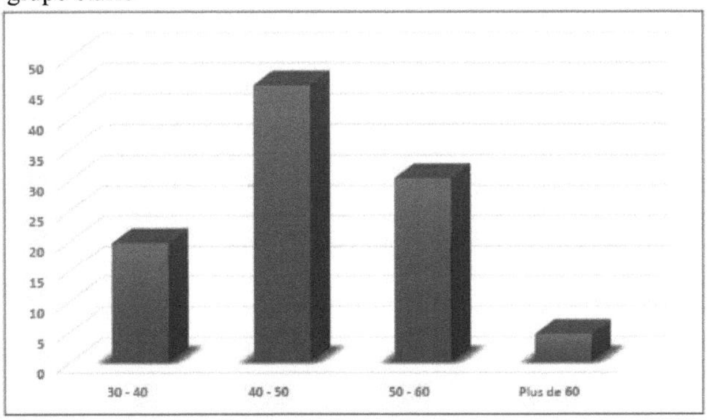

Fonte: Dados do inquérito, Guèye, outubro de 2020
Figura 15: Perfil sócio-profissional dos inquiridos

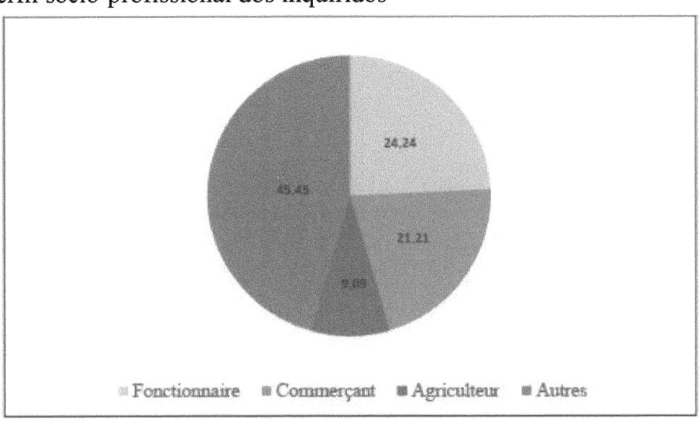

Fonte: Dados do inquérito, Guèye, outubro de 2020 **Figura 16:** Como os inquiridos adquiriram as suas casas

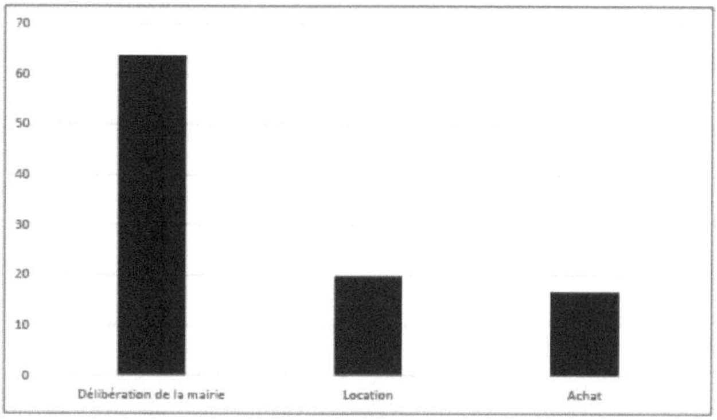

Fonte: Dados do inquérito, Guèye, outubro de 2020

Figura 17: Estatuto de propriedade dos inquiridos

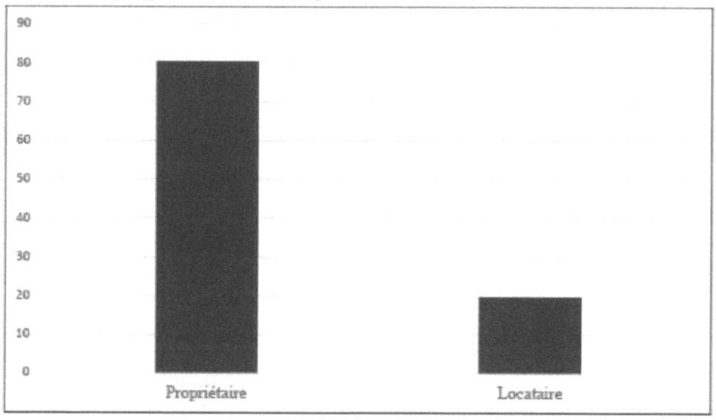

Fonte: Dados do inquérito, Guèye, outubro de 2020 **Figura 18:** Tipo de casa dos inquiridos

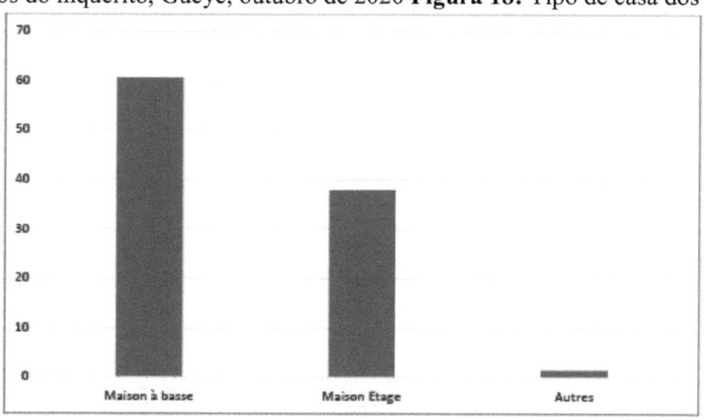

Fonte: Dados do inquérito, Guèye, outubro de 2020

MIX
Papier aus verantwortungsvollen Quellen
Paper from responsible sources
FSC® C105338

Printed by Books on Demand GmbH, Norderstedt / Germany